피와 포도주

개정판

피와 포도주

박성규 지음

준평

나는 6.25전쟁이 절정을 이루던 해 금강이 흐르는 논산에서 태어났다. 하루 세끼가 어려운 보릿고개 속에 목발을 짚거나 갈고리 팔을 한 상이용사들이 동냥을 하러 이집 저집을 다니는 모습을 보는 것은 아예 일상에 가까웠다.

당시 초등학교 아이들은 미국의 구호물자인 분유를 끓인 물과 옥수수빵으로 허기진 배를 채우곤 했다. 그때는 모든 것이 부족하고 세 끼를 제대로 못 먹은 아이나 어른이나 모두 배가 고팠다.

나의 유년 시절은 긴 전쟁의 후유증 속에서 그렇게 흘러갔다.

1950년대의 전쟁 트라우마를 극복한 대한민국은 1960년대에 들어 '한강의 기적'을 위한 시동을 걸었고, 1970년대에 들어서면서 국가도 국민도 모두 '하면 된다'는 자신감을 갖게 되었다.

이 무렵 청년기에 들어선 나는 논산훈련소 담장 넘어 흘러나오는 장정들의 함성을 들을 때마다 흥분을 넘어 남모를 전율을 느끼곤 했다. 어느덧 나는 군문을 노크하였고 그 후 생도에서 4성 장군까지 41년의 시간이 흘렀다. 흔히 하는 말로 군대에 말뚝을 박고 살아온 것이다. 그것도 아주 굵은 말뚝을!

　41년의 군문을 나온 나는 산란한 마음이 생길 때마다 허허로운 마음으로 멀리서 강을 바라본다. 어릴 적 바라본 금강이나 지금 바라보는 한강도 모두 소리 없이 굽이굽이 곡선을 따라 흐른다. 그래서 대하무성大河無聲이라고 했던가?
　때때로 우리의 역사를 돌이켜 보게 된다. 역사 역시 곡선을 따라 소리 없이 흘러왔다. 많은 사람들은 흔히 "역사는 정의롭게 흐를 것이며 훗날 역사가 밝혀 줄 것"이라고들 말하지만, 어디 그런가?
　오랜 세월 군 생활을 한 내 생각은 다르다. 적어도 한 민족과 한 국가의 역사는 "내버려 두면 제대로 흘러가지 않는다"라고 본다. 생존과 주권은 적극적으로 지켜내야 한다. 지키지 못하면 적에게 먹히고 역사는 우리의 역사가 아닌 적敵의 역사로 쓰여지게 되고 만다.

역사적으로 어느 나라에나 국가나 민족의 생존을 지키는 군대가 있었다.
그들이 강하면 그 국가나 민족은 살았고, 약하면 모두 죽었다. 곡선의 궤적을 따라 흐른 역사 속에서 생존한 민족, 번성한 국가에는 구부러지지 않는 화살과 휘어지지 않는 총을 든 군인들이 있었다는 사실을 말하고 싶다. 그들은 언제나 '직선의 길'을 걸었다.

 대한민국은 이제 미지의 미래를 향해 항해해야 한다. 한 번도 가보지 않은 망망대해의 항로를 가야 하는 것이다. 낮은 뱃고동 소리를 길게 울리며 떠나는 선장의 모습은 낭만적으로 보일지 몰라도 그의 머릿속에는 많은 것이 스칠 것이다. 항해 중에 나타날 암초, 어두움, 유빙, 비와 안개 그리고 같이 항해할 선원들의 건강까지….
 긴 항해를 해야 하는 선장은, 항법사와 기관장의 도움이 있더라도 늘 고독한 결정을 해야 할 것이다. 아마 대한민국 호(號)를 이끌

지도자들 역시 선장과 같은 마음일 것이다.

　나는 오늘도 자식들을 위해서 이른 아침 안개 낀 강가에서 긴 대나무로 강바닥을 짚어 가는 늙은 어부와 먼바다를 나가는 선장의 마음을 헤아려 이 책을 쓰려고 했다. 이 책을 통해 나는 영원한 군인으로서 바른 마음으로 군과 국방과 국가 안보에 대한 '직선의 길'을 말하고 그 길을 갈 것이다.

　나는 요즈음 일몰에 잠긴 한강을 바라보며 포도주 한 잔을 마신다. 그리고 생각한다. 순국선열의 피를, 어쩌면 우리가 흘릴지도 모를 피를….

天下雖安　忘戰必危

2021년 12월에,

박성규

머리말 · 4

제1장 | 누구를 위한 안보인가?

안보 : 불감증과 염려증 · 13
'홀로' 안보 · 18
억제와 두려움 · 22
갈 길이 멀다 · 27
소망적 사고의 오류 · 32

제2장 | 한체미조 韓體美助

솔로Solo냐? 오케스트라Orchestra냐? · 39
한미동맹 : 빛과 그림자 · 44
같이 가냐? 따로 가냐? · 49

제3장 | 밀리터리 프리즘 Military Prism

소+도 '코뚜레'를 잡아야 끌려온다 · 57
때로는 직구가! 때로는 변화구가! · 64
'안방 금고'는 빼고 계산한다? · 68
인식의 전환 · 73
균형과 평화 · 78
잘 알지 못하면 '모른다'라고 해야! · 85
정곡을 찌르려면 · 89

손자孫武의 메시지	• 93
'소망적 사고Wishful Thinking'에 기초한 가정들	• 97
사이버 위협	• 101
정명실현正名實現	• 104

제4장 | 유구무언의 죄罪

적敵과 주적主敵	• 113
병명이 다르면 약도 달라진다	• 116
꽃도 '꽃'이라고 불러야 꽃이 된다	• 122
과연 미군은 점령군으로 왔었나?	• 126

제5장 | 백안시白眼視

전전긍긍戰戰兢兢 vs No problem!	• 133
지지지지至知之 알아야 나아갈 수 있다	• 138
전작권 이야기(Ⅰ)	• 141
전작권 이야기(Ⅱ)	• 147
이젠 모병제?	• 152
군軍에서 돈 다 쓴다?	• 158
복지와 사기는 정비례?	• 165
군사력 > f(x)	• 171
죄와 벌	• 176
평화 – 더위먹은 소의 넋두리	• 182
부록	• 188
맺는말	• 195

'안보의 A에서 Ω까지'
국가 안보란 내·외부의 모든 위협에 대비하는 것으로
탈 군사적 성격의 개념이다.
또한 국가 안보와 국방과 군사의 상호관계는
등호 等號가 아니라 중심은 같지만 반지름이 다른 '동심원同心圓' 관계이다.

제 1 장

누구를 위한 안보인가?

안보 : 불감증과 염려증

    나는 군복을 입고 청장년 시절을 보냈다.
    지난 날을 돌이켜보면 호국보훈護國報勳의 달에는 '아~ 잊으랴, 어찌 우리 그날을'로 시작하는 '6.25노래'를 듣고 부르면서 모골이 송연해지도록 마음속 깊은 곳에서 우러나오는 애국심을 느꼈고, '푸른 옷에 실려 간 꽃다운 이내 청춘'이라는 양희은의 노래를 들으며 감상에 빠진 적도 있었다.
    군인은 현역이든 예비역이든 국가 안보와 군인의 소명을 마음속에 담고 살아왔고 살아갈 것이다. 나 또한 어느 한순간도 나라의 안보를 책임지는 무인武人의 소명을 잊은 적이 없었다는 사실을 말하고 싶다.

    1950년 발발한 한국동란이 끝나고 70년 가까이 지난 오늘 날 어찌 된 셈인지 우리 사회의 안보에 대한 인식은 두 갈래로 나누어져 있다.

한반도 평화 추구를 위한 남북대화를 환영하고 지지하면 낙관론과 온건론에 빠져 북한의 본질을 제대로 보지 못하는 '안보 불감증 환자'로 매도되고, 주한미군과 한미동맹의 중요성을 강조해서 말하면 안보 염려증에 빠진 '친미 사대주의자'라는 비난을 감수해야 한다.

보수·진보를 막론하고 역대 정부는 안보를 최상의 가치, 최고 우선순위라고 주창해왔다. 그런데 그 안보에 대한 개념 자체가 서로 다르다면 그 방법론이나 정책은 혼란스럽게 되고 안보의 가치를 지키기 어렵게 된다.

외신들은 언제부터인가 북한이 핵실험을 해도 강 건너 불구경하듯 천하태평인 한국인들의 모습을 도저히 이해가 안 간다는 시선으로 바라보고 있다. '안보 염려증'이 남북관계의 개선과 평화 정착 노력을 저해하여 시대정신에 역행하는 것도 문제이지만 더 큰 문제는 "잘 될 텐데 웬 호들갑이냐?"라는 근거 없는 낙관론과 무관심에 빠져버린 안보 불감증이다.

안보 불감증은 진보의 입장에서 친중親中·반미反美·반일反日이라는 프레임을 갖는다. 반면 안보 염려증은 보수의 입장에서 친미·친일·반중이라는 프레임이다. 주요 국가정책에 대한 견해도 진보와 보수, 친親과 반反으로 갈린 채 조선시대 당파싸움보다 더 치열한 논쟁을 벌인다. 국익 앞에서는 영원한 내편 네편이 없는 법인데 남북 분단의 현실에서 발생하는 크고 작은 사건, 사고 때마다 국민들이 둘로 갈려 서로를 질시하고, 아웅다웅하는 소모적인 논쟁은 과연 무슨 의미가 있을까?

우리의 생존과 번영을 보장하는 안보는 보수의 전유물도 아니지만 그렇다고 현존하는 위협을 간과한 채 북한에 대한 양보와 포용, 상호 존중만을 중시하는 진보만의 입장이 되어서도 안 된다.

안보에 대해서 만큼은 여·야, 보수·진보가 따로 있어서는 안 되고 하나가 되어야 한다.

우리는 스스로를 지킬 수 없을 때 어떠한 고난과 수치를 당했는지 보여주는 역사적 증거를 우리의 수도 서울에서도 쉽게 찾아볼 수 있다.

병자호란에서 나라를 지키지 못해 청나라 황제에게 항복하고 조선의 국왕 인조가 세번 절하고 아홉 번 이마를 땅에 찍었다는 '삼배구고두三拜九叩頭'라는 치욕적인 장면을 연출했던 오늘날 송파의 삼전도三田渡와, 국모 시해의 현장에서 일본에 의해 참살 당했던 구한말 군인들을 기리는 장충단奬忠壇 역시 그 증거이다.

또 다시 남의 선의와 처분에 의해 국가의 운명을 맡기는 허약한 나라가 되어 우리 아녀자들을 환향녀還鄕女와 위안부慰安婦로 만드는 수치와 아픔을 절대로 되풀이 할 수는 없다.

대한민국의 미래를 밝다고 말하는 분들이 많다. 건강하고 건전한 젊은이들의 태도를 볼 때 이 점에 충분히 동의한다. 하지만 미래 한국을 주도할 젊은이들의 창의력이나 상상력, 관찰력 역시 불안한 환경에서는 나오지 않는다.

안보가 소수의 전유물이 되지 않도록, 또 정쟁의 도구가 되지 않도록, 국론이 더 이상 분열되지 않아야 하고 국방의 주인은 국민 모두가 되어야 한다.

안보라는 절대 가치를 수호하기 위해서는 어느 한 쪽으로 치우치지 않은 일관되고 결집된 안보관이 필요하다. 물론 국민 각 개인이 가지고 있는 가치관, 그리고 각개인이 속한 정당이나 단체의 성격에 따라 의견차가 생기고 대립하는 상황에서 완전한 해답을 도출해내는 일은 어려운 것이다.

하지만 어느 상황에서도 균형감각을 유지하며 합리적인 대안을 모색하는 것은 국민이 주인이 되는 안보를 위해 의미가 큰일이라고 여겨진다.

합리적인 대안이라고 하여 민주주의적 방식으로 모든 의견을 수용하고 타협된 형태로 적당하게 얼버무린 상태가 되어서는 곤란하다. 우리의 안위를 위태롭게 하는 위협의 실체를 냉정하게 바라보아야 한다. 필요하다면 토론을 통해 적의 위협에 대응할 수 있는 하나의 안보관과 태세를 갖추어야 한다. 진리는 결코 다수결이 아니기 때문이다.

1970년대 초·중반 주한미군 대대장으로 동두천에서 근무한 적이 있는 콜린 파월Colin Powell 장군은 "직업 군인인 내가 클라우제비츠Carl von Clausewitz 1에게서 구한 가장 큰 교훈은 군인이 아무리 애국심과 용기와 전문성을 가지고 있더라도 단지 삼각대의 한 다리에 불과하다는 점이다. 군대와 정부와 국민이라는 세 개의 다리가 함께 받쳐주지 않는다면 전쟁이라는 과업을 제대로 수행할 수 없다"라고 털어놓았다.

우리 역시 군대, 정부, 국민의 세 다리가 지탱하는 하나의 안보관과 태세가 갖추어져야 한다.

---

1 독일의 군인·군사 평론가, 프로이센 육군의 건설 공로자. 예나 전쟁과 나폴레옹 전쟁에 참여하고 사관학교장, 참모장을 역임하였다. 그의 저서 '전쟁론'은 전술 연구의 고전으로 높이 평가된다.(김만수,《전쟁론 강의》, 갈무리, 2016).

'홀로' 안보

휴대폰이 울렸다. 받아보니 행정안전부에서 주관하는 안전에 대한 여론 조사였다.

"… 안전 수칙을 잘 지키고 계시다고 생각하십니까? 5점 만점에 몇 점? … 우리의 안보 상태는 어느 정도 수준이라고 생각하십니까? 5점 만점에 몇 점?"

안보상태를 묻기에 바로 되물었다.

"아니 안보라는 것은 외부위협과 내부위협으로부터 국가와 국민을 보호하는 것인데 어느 쪽을 묻는 것입니까?" … (잠시 후) "저는 그냥 써준 대로 물어볼 뿐 입니다"라고 답변할 뿐이었다.

안보에 대한 개념이 제대로 잡히지 않은 상태로 설문지가 작성된 것이다.

우리에게는 동족상잔同族相殘의 한국동란이 있었고 아직도 남과 북으로 분단된 상태에서 적대관계를 유지하고 있다. 실제로 휴전 후 약 3,000여 회에 걸친 침투와 도발도 있었다.

사실 지금도 언제 또 다시 남북관계가 경색될지 모른다.

상황이 이렇다 보니 우리가 가장 많이 들어왔던 단어 중의 하나가 '안보'였다. 안보란 말은 언제나 북한의 도발과 세트Set로 쓰는 단어였다.

'안보=국방(군사)'이라는 등식이 성립된 지 오래되었다. 그러나 이는 외부의 위협만을 고려한 잘못된 생각이다.

안보는 가장 소중하고 가치 있는 것을 확보하고, 지키고, 발전시키는 것이다. 어느 국가든 가장 소중한 가치는 국가와 국가이익이다.

그것을 위협하는 실체는 외부에도 있지만 내부에도 있다. 안보를 위협하는 요인 또한 언제, 어디서, 어떤 형태로 나타날지 모른다. 따라서 국가 안보란 현존하거나 잠재적인 외부와 내부의 위협으로부터 국가를 보호하고 국가이익을 확보, 확장시켜 나가는 것이라고 정의할 수 있다. 안보는 이처럼 포괄적인 개념이다.

여기서 외부위협은 외부의 군사적 위협을 말하는 것으로 국민 전체가 하나가 되어 수행하는 총력전 개념이지만 구태여 책임을 논한다면 군사 안보로 국방의 몫이다.

그러나 내부위협은 ① 여야 간 극한 대립·장외투쟁 등의 정치 불안과 ② 실업자 증가와 하이퍼인플레이션$^{Hyper-Inflation}$으로 특징 지어지는 경제혼란 ③ 환경 오염과 생태파괴, 질병, 마약과 범죄 등의 사회불안 등이다. 이에 대한 대응은 정치 안보, 경제 안보, 사회 안보, 환경 안보를 담당하는 정치·경제·사회·환경 등 책임 분야에서 맡아야 한다.

특히 내부위협은 스스로 국가이익을 포기하는 것을 의미하기 때문에 외부위협보다 더 심각한 위협이다. 세계 역사를 보면 한 나라가 당장 외부위협에 의해 망하기보다는 내부위협에 의해 망하게 되는 조건이 이미 만들어진 후 외부 위협이 가해질 때 망하는 경우가 훨씬 많았다.

그럼에도 불구하고 우리 현실은 안보에 있어서 내부위협은 인식조차 제대로 되지 않은 상태로 줄곧 논외가 되어왔다. 예를 들면 국회에서는 여·야의 극한 정쟁과 장외투쟁으로 정치(정치 안보) 혼란을 가중시키면서도, 국방(군사 안보) 또는 사회(사회 안보)에 문제가 발생하면 상임위를 개최하여 관련 장관을 호출, 질타하기도 한다. 그러나 질타를 하기에 앞서 국회는 정치 안보의 혼란에 대한 책임감을 느껴야 한다.

바이러스로 인해 적지 않은 사람들이 목숨을 잃고 하루에도 다수의 확진자가 나오고 있는 상황 역시 내부위협이라고 할 수 있다. 그럼에도 불구하고 이러한 내부위협에 대해 전세계가 겪는 공통 현상으로만 인식하고 있을 뿐이다. 국민들의 생존과 건강에 커다란 부담을 안기는 심각한 사안임에도 불구하고 국가 안보와는 연결시키지 않는다.

경제가 중요하다고 강조 하면서도 '경제 안보'라는 말은 듣기 어렵다. 외부위협에 대한 무감각도 안보 불감증이지만 내부위협에 대한 무감각도 안보 불감증인 것이다.

'국방'만이 '안보'라는 생각은 한쪽만 본 것이다. 국가 안보에 대한 올바른 이해를 바탕으로 정치 안보·경제 안보·사회 안보·환경 안보와 같은 말이 자주 등장하고 사용되어야 국가 안보의 질을 높일 수 있다. 안보에 대한 관점이 달라지는 계기가 되기를 기대한다.

억제와 두려움

 한반도는 분단의 역사가 70여 년째 계속되고 있다. 그 과정에서 수많은 위기도 겪었고 지금도 언제 도발이 재개될지 예측 불가한 상태이다. 남북한의 만성적 대치 상황은 국민들로 하여금 평화를 갈구하게 하였고, 평화는 모두의 화두話頭가 되었다.

 물론 평화 없이는 안보와 번영을 보장받을 수 없다. 어떤 국가든 평화를 위한 노력을 계속한다. 남북한 간에도 정상회담, 선언, 협약 등 많은 회담이 있었고 평화를 위한 제도적 장치까지 마련해왔다. 그때마다 한반도에 항구적인 평화가 정착될 것처럼, 혹은 통일이 곧 될 것처럼 환호했다. 그때는 '강력한 국방태세', '안보' 등의 단어를 사용하면 시대에 뒤처진 사람으로, 평화를 해치는 사람으로 백안시白眼視되고 나라를 지키는 군인은 물정 모르는 '군바리'가 되고 말았다.

우리는 그동안 북한의 도발이건 평화회담이건 모두 일과성一過性으로 인식하고 흥분했다가 이내 식어버렸던 경험이 있다. 그러나 여기서 주목할 점은 국방이나 안보 관련 사항은 속성상 일과성, 일회성이 아니라는 사실이다.

평화는 국가간의 약속이나 선의善意에 의해서 이루어지는 것이 아니라 상대방의 도발을 억제할 수 있는 강력한 억제력이 있을 때만이 가능하다.

억제란 군사행동을 하지 못하도록 사전에 차단하는 것으로, 도발한다면 이익보다는 손실이 크다는 두려움을 적에게 갖게 함으로써 달성된다.

그러나 우리의 억제력이 적의 두려움으로 성공하기 위해서는 몇 가지 조건을 갖춰야 한다.

먼저, 강력한 군사력이다. 힘이 있어야 말이 먹히고 주목을 받는 것처럼 힘은 적이 두려움을 갖게 하는 출발점이다. 그런 이유로 최소 억제력[1]으로써 적이 두려워 할 수 있는 강력한 무기체계나

---

[1] 적의 군사행동을 차단할 수 있는 최소한의 능력(힘)을 말하는 것으로 부분적으로 심각한 피해를 줄 수 있는 특정한 무기체계를 비롯한 전력 등이 여기에 해당한다. 예를 들면 수 백여 발의 핵탄두를 갖고 있는 국가와 맞설 수는 없지만 핵 추진 잠수함에 몇 발을 적재하고 있다면 최소한 상대국가 1~2개 도시를 파괴할 수 있어 최소 억제력이 된다.(박휘락,《북핵위협과 대응》, 한국학술정보, 2013, 87쪽).

특수부대를 구비하는 것 역시 적에게 두려움을 주는 방법 중의 하나이다.

혹자는 충돌을 걱정하기도 한다. 그러나 이것은 당장 전쟁을 하겠다는 것이 아니라 힘이 있어야 억제가 가능하고 이로 인해 적이 두려움을 느낄 수 있어야 평화가 유지될 수 있기 때문에 억제력을 갖추자는 것이다.

그 다음은 의지(결기)이다.

이는 적이 도발하면 어떠한 손실을 무릅쓰고라도 "끝까지 싸우겠다"라는 지도자와 국민들의 일치된 마음가짐으로 적의 입장에서는 가장 큰 두려움이며, 또한 우리의 군대를 움직이는 원동력이 되는 것이다.

명령은 국민의 뜻을 살펴 군에 하달되며 군은 명령에 따라 행동한다. 국민들과 지도자의 의지와 명령이 없다면 아무리 강한 군대라도 적의 도발에 대한 응징, 보복작전에 나설 수 없다. 결국 군은 발톱 빠진 호랑이, 종이호랑이가 되는 것이다.

2022년 2월 러시아가 우크라이나를 침공했을 때 우크라이나인들의 결기 있는 모습을 보았다. 또한 이스라엘 국민들의 강력한 의지가 이스라엘 군대로 하여금 성공적인 군사작전을 할 수 있도록 여건을 조성하여 이스라엘에게 승리를 안겨준 사례를 보았다. 그뿐만 아니라 전쟁사를 보더라도 힘이 약한 나라가 강대국을 굴

복시킨 사례는 쉽게 찾아볼 수 있다. 1939년 핀란드와 소련 간에 있었던 겨울전쟁[2]도 마찬가지였다. 그들은 힘은 약했지만 국민들의 강력한 의지가 있었기에 가능했던 것이다.

과연 우리의 의지는 어떠한가?

국가를 위해서는 전쟁도 불사하겠다는 의지가 있었는지? 커진 국력에 걸맞은 강력함이 결여된 채 어른이 아이처럼 구는 '피터팬 증후군'은 없었는지? 국민 모두가 책임져야 할 안보를 두고 나는 상관없다며 등 떠미는 책임 전가는 없었는지?

국민들의 허약한 의지는 설령 군사력이 우위에 있다 하더라도 군사력을 제대로 발휘할 수 없게 하여 '돌지 않는 풍차'로 만든다. 이런 상태에서는 비핵화를 위한 노력 역시 무슨 의미가 있을 수 있겠는가? 강력한 의지는 우리의 억제력과 적이 갖는 두려움의 중심이 된다.

빈약한 의지로 평화의 포로가 되어 진실성^{Truthfulness}과 연속성^{Continuity}이 없는 가식적 평화에 흥분하고, 평화가 발전되고 정착되어 가고 있다는 환상과 전쟁이 끝났다는 착각을 해온 것은 아닌지

---

[2] 1939년 11월 30일부터 1940년 3월 13일까지 105일간에 걸친 소련과 핀란드 간의 전쟁을 말한다. 핀란드가 열세임에도 불구하고 힘과 용기·끈질김·의지 등으로 똘똘 뭉친 '시수(SISU)'라는 국민정신으로 승리할 수 있었다.(http://blog.naver.com/sisu-korea 2021. 12. 16).

돌이켜 보아야 한다.

  마지막으로, 적은 상대방을 제대로 알고 느껴야 두려워하고 도발을 포기한다. 그러기 위해서는 도발했을 때 강력한 힘과 의지를 행동으로 확실하게 보여줘야 한다.

  이럴 경우 확전을 우려하지만 이러한 확고한 행동은 오히려 확전과 재도발을 차단하여 완전 평화, 영구 평화로 가는 길을 열게 한다.

  "적과 대치하고 있을 때 적이 공격하지 못하게 하려면 방어능력보다 철저한 보복능력이 있음을 적에게 알리는 것이 더욱 중요하다"라는 것은 병법의 상식이며, "공격이 최선의 방어"라는 말 역시 축구 경기에서만 사용되는 말이 아니라 솔로몬 로좁스키 Solomon Lozovskii[3]가 클라우제비츠의 《전쟁론》을 읽고 한 말이다.

  평화를 위해서는 힘과 의지가 있어야 하며 그리고 필요시에는 이것을 여지없이 보여줌으로써 믿게 해야 한다. 그중에서도 지도자와 국민들의 단결된 의지는 중심이다.

---

[3] 러시아의 정치가, 노동조합운동 지도자, 러시아 혁명 후 프로핀테르의 창립에 참가하여 서기장으로 선출되었고 코민테른 집행 위원, 극동 관계 담당 외무인민위원 대리, 소련 연방정보국 총재를 역임했다.(http://www.doopedia.co.kr. 2021. 12. 8).

갈 길이 멀다

대한민국은 1950년대 말 1인당 GDP가 100달러도 안 되는 세계 최빈국에서 60~70여 년 만에 1인당 GDP가 3만 달러가 넘는 부자 나라가 되었다.

이제는 '세계 10위권의 경제대국'이라는 말이 우리 생활 전반에 걸쳐 깊숙이 자리 잡고 있다. 자랑할 일이다. 그러나 국가 안보 측면에서는 몇 가지를 살펴볼 필요가 있다.

첫째, 지정학적인 이유로 소극적인 국가 안보전략을 답습하고 있다는 점이다.

국가와 국민의 생존과 번영을 위한 국가 안보전략은 국가이익을 최대화하기 위한 정부의 최상위 전략이며 정부가 존재하는 이유가 되는 것이다. 따라서 국가 안보전략은 소극적인 개념이 아니라 적극적으로 구사할 수 있어야 한다.

그러나 우리의 현실은 어떤가?

유라시아 대륙 동쪽 끝에 위치한 불리한 지정학적 조건에서 국가 안보전략을 수립하는 데 있어 강대국 사이에서 원치 않는 선택을 강요받기도 하고 북한과 주변 강대국의 전략을 먼저 분석한 후 방법을 강구하는 소극적인 전략을 수립하기도 한다. 즉, 상대가 먼저 움직여야 대응하는 수동적인 전략을 구사한다.

이러한 종속적 상황은 자칫 굴종적 상태로 이어질 수도 있다. 따라서 경제대국이라면 지정학적 위치라는 '고정적인 틀'과 한계를 깨고 북한과 주변국의 정책과 전략을 바꾸게 해서라도 국익을 보호하고 확장하는 적극적인 전략을 구사할 수 있어야 한다.

둘째, 남북관계에서 우세한 경제력의 이점Leverage을 제대로 활용하지 못하고 있다.

경제력이 우세한 쪽이 주도권을 장악하는 것이 일반적인 현상이다. 따라서 우리의 경우도 북한보다 월등한 경제력을 이용하여 남북관계의 주도권을 잡을 수 있어야 하지만 북한에 휘둘리고 있다. 군사적 측면에서도 우리의 압도적인 경제력은 외교와 함께 북한의 도발을 억제하는 군사적 억제력으로 연결되어야 한다. 그럼에도 불구하고 우리는 그들의 선의와 처분에 의존하는 인상마저 주고 있는 것이 현실이다.

셋째, 모든 국가의 한결같은 꿈은 '부국강병富國强兵'이건만, 오늘날 우리는 '부국富國'의 꿈은 이루었으나 '강병强兵'이라는 그릇은 아직 채워지지 않고 있다.

이것이 실현되기 위해서는 경제발전과 함께 군수 산업의 첨단화도 같이 이루어져야 한다. 군수 산업은 우주 산업과 함께 첨단 기술을 요한다. 우수한 기술력을 가진 산업 분야가 군수 분야와 적극적으로 결합하여 첨단무기 생산을 통한 '강병'을 이루고 국가의 부를 창출할 수 있어야 한다.

물론 그동안 경제력 상승으로 인한 국방비의 안정적 지원은 군사력의 현대화와 과학화에 크게 기여하였다. 방위 산업도 과거에 비해 글로벌 경쟁력을 갖출 수 있도록 많은 노력을 경주하고 있으며 수출 규모도 크게 성장하였다.

〈2020 국제무기거래 동향보고서〉[1]에 의하면 2015년부터 2020년까지 5년간 우리의 무기 수출은 이전(2010~2015년) 대비 210% 증가했으며 2000년부터 2005년까지의 기간과 비교하면 무려 649% 급증했고 매출액은 2002년 17억 달러에서 2018년 52억 달러로 3배 이상 증가했다고 밝혔다.

그러나 2009년부터 2018년까지 미국으로부터 수입한 첨단무기

---

1 스웨덴 평화 연구원, 〈2019년 국제 무기 거래 보고서〉(2020. 3. 16).

체계만 보더라도 62억 7900만 달러로 주요 무기체계의 해외 수입 의존에 의한 무역적자는 여전한 상태다.

'극초음속' 미사일은 탄도미사일이나 순항미사일과는 달리 지구상의 목표물을 1시간 내에 타격하는 공격수단으로 극초음활공체Hypersonic glide vehicle를 탑재해 미사일 방어체계MD를 무력화시키는 무기체계이다.[2] 지금 미국과 중국, 러시아 그리고 북한까지 극초음속 무기경쟁에 본격적으로 뛰어들고 있는 상황이다. 이는 30~70km 고도에서 분리된 탄두가 마하 5 이상 속도로 저고도에서 활강한다. 탄착 지점을 예측해 탐지·요격이 가능한 기존 탄도미사일과는 달리 저고도에서 변칙 기동하기 때문에 비행 궤적과 낙하 지점 예측이 어렵다. 따라서 기존 미사일 요격망으로는 요격이 불가능하다.

그러나 우리는 어떠한가? 극초음속 무기 경쟁은커녕 북핵에 대한 스스로의 대책도 없거니와 아직도 전통적인 육·해·공군 3군 체제를 유지하고 있다. 갈 길이 너무 멀다.

---

[2] 주로 음속인 마하 5(1.7km/s) 이상의 속력으로 비행하는 미사일을 말한다. 대부분의 극초음속 미사일이라고 말하면 극초음속 활공미사일이다. 일반적인 초음속전투기의 최고비행속력이 마하 2-3 이내이므로 그보다 2배가 넘는 속력으로 비행하는 셈이다. 최소 수준인 마하 5의 속력이면 서울에서 발사되어 평양까지 1분을 조금 넘는 시간 만에 타격이 가능하다.(http://namu.wiki/w/2022. 1. 3).

첨단 무기체계의 대외의존 상태를 개선해야 자주국방능력 강화는 물론 강병强兵에도 성큼 다가설 수 있다.

경제대국이라는 자부심도 중요하지만 리더가 아닌 만년 추종자로서의 국가 안보전략과 남북관계에서의 빈번한 주도권 상실, 그리고 첨단무기 체계의 해외도입 의존 등은 경제대국으로서 국가적 자존심을 상하게 하는 것은 물론 국익 추구에도 장애가 되는 것들로 자랑에 앞서 국가 안보적 차원에서는 반드시 짚고 고민해서 해결하고 개선해야 할 과제들이다.

소망적 사고의 오류

 남북한의 GDP 격차가 출처에 따라 약간의 차이를 보이지만 약 50배 정도라는 것을 쉽게 찾아볼 수 있다. 그러나 문제는 이러한 경제력 격차가 비록 일부이지만 북한의 전쟁도발 불가론으로 연결되고 있다는 사실이다. 이러한 주장은 ① 경제력 격차에서 오는 우월감 ② 전쟁 수행 방법(군사전략)에 대한 몰이해 ③ 북한의 국가 목표인 '한반도 적화 전략'에 대한 무지 ④ 북한에 대한 낙관론 등이 함께 어우러져 비롯된 것으로 전쟁을 지속시킬 수 있는 경제력이 뒷받침되어야 전쟁을 할 수 있다는 논리에 근거한다.

 경제력이 있어야 전쟁을 뒷받침할 수 있는 것은 사실이다. 그러나 단순한 경제력 격차가 전쟁 불가론으로 연결될 수는 없다. 경제력도 군사력과 의지가 보태져야 하며 특히 전쟁은 군사전략에 의해 수행되고 군사전략은 가용한 전쟁 지속능력을 고려하여 그 범위 내에서 자국 군의 실정에 맞게 수립되고 시행되기 때문이다. 마치 골리앗과 다윗이 각자의 여건에 맞는 전략을 준비하여 대결하는 것과 같은 것이다.

옷을 젖게 하는 것은 소나기도 있지만 가랑비도 있다. 전략전술은 항상 적의 급소인 결정적 지점과 중심重心의 취약점을 찾아 자기들만의 방식으로 공격한다. 결국 승패를 좌우하는 것은 경제력이 아니라 자기 여건에 맞게 준비한 전략전술이다.

이러한 사례는 고대사는 물론 베트남 전쟁(1955.11~1975.4) 등 근·현대사를 통해서도 쉽게 찾아볼 수 있다. 일본을 대표하는 경영 석학 노나카 이쿠지로Nonaka Ikujirou는 그의 저서《The Leadership of Winners》에서 "북 베트남군은 자신들에게 유리한 장소와 시간을 정하여 싸우고, 손해가 감당하기 어려울 정도가 되기 전에 전장을 이탈하여 정글 속 깊숙이 나아간 후 캄보디아, 라오스, 북 베트남의 성역聖域으로 이동하였다. 미군들은 이러한 성역으로 진입할 수 없었기 때문에 적 주력의 포위 섬멸은 아예 불가능하였다"라고 북베트남군의 전략을 소개하였다. 베트남전은 현대판 다윗과 골리앗의 싸움이었다. 그러나 보응우옌잡Võ Nguyên Giáp, 武元甲 장군[1]이 지휘하는 북베트남(월맹군)은 경제력이 200배 넘는 미군과 싸워 이겼다.

그런가 하면 보스턴 대학의 역사학자 이반 아레귄-토프트^{Ivan} $^{Arreguin-Toft}$는 강대국과 약소국의 전투에서 약소국이 이길 확률은 28.5%나 된다고 하였다. 그뿐만 아니라 강대국의 '룰(Rule, 전략전술)'대로 싸우지 않고 게릴라전같이 자신에게 유리한 전략 전술로 접근할 경우 승률은 63.6%까지 상승한다고 주장한 바도 있다.[2]

북한은 그들의 강점을 이용한 '기습전·배합전·속전속결'을 중심으로 하는 군사 전략을 유지한 가운데 유사시 비대칭 전력 위주로 기습공격을 시도하여 주요지역을 장악 하는 등 협상에 유리한 여건을 조성한 후 조기에 전쟁을 종결시킬 것으로 예상된다. 이는 그들의 전쟁 지속능력을 고려할 때 미국의 전시 증원 전력이 한반도에 도착하기 전에 전쟁을 끝내기 위한 것으로 그들의 제한된 전쟁 지속능력을 고려한 전략이다.

핵 보유로 인해 이 전략의 성공 가능성은 더욱 커지고 있다. 실제 전투현장에서 다양하게 사용할 수 있는 전술핵 개발에 전력투구하고 있다는 사실이 그 증거이다. 그들의 '기습전·배합전·속전

---

[1] 미국과의 전쟁에서 승리한 것은 미군과 비교 시 자신이 지휘하는 군대의 한계를 알고 이를 극복했기 때문이다. 미군이 전면전을 원하면 국지전으로 대처하고 속전속결을 원하며 지구전을 하였으며 정규전을 원하면 비정규전으로 임했다.(https://en.wikipedia.org /wiki/Vietnam-War (2021. 11. 1.).

[2] 말콤 글래드웰, 《다윗과 골리앗》, 김영사, 2020, 29쪽.

속결'과 전술핵을 연계한 전략은 미군의 증원은 물론 남한의 50배가 넘는 경제력을 꽁꽁 묶어놓게 된다.

경제력은 전쟁 지속능력으로써 특히 장기간에 걸친 전면전 방식의 전쟁에는 결정적 영향을 미친다. 그러나 전쟁의 방식은 전면전만 있는 것이 아니다. 전략전술은 상대적인 것으로 무한정이다. 경제력 격차만을 근거로 한 북한의 전쟁 불가론은 바로 이러한 점들을 간과한 것이다.

전쟁사를 보면 '피로스^{Pyrrhus}의 승리'라는 말이 있다. 승리는 했지만 적으로부터 너무 큰 피해를 받아 패전이나 다름없는 의미 없는 승리로 '상처뿐인 영광', '실속 없는 승리'를 말하는 것이다. 여기서 우리는 자칫 '피로스의 함정'과 같은 '소망적 사고'에 빠질 수 있다. 이는 "적이 우리를 공격하면 자신들의 피해가 훨씬 더 클텐데 어떻게 전쟁을 일으키나?"라는 의식이다.

전쟁에 대한 결심은 경제력이 주도하는 것이 아니라 '의도^{意圖}'가 주도하는 것이다. 희망과 현실을 구분할 수 있어야 한다.

'한미동맹, 한체미조 韓體美助'

한 국가가 우방의 협력·협조 없이
순수한 자국의 능력과 의지만으로 국가방위목표를
해결해 나가기란 거의 불가능하다.
이것이 동맹이 불가결 不可缺한 이유이다.

제 2 장

한체미조 韓體美助

솔로Solo냐?
오케스트라Orchestra냐?

'자주국방'은 우리가 오래전부터 들어온 말이다. 주한 미군이 '남느냐, 뜨느냐', 혹은 '병력 수를 줄이느냐'의 이슈가 제기될 때마다 등장하는 단어가 '자주국방'이다. 자주국방은 속 편하게 우리를 스스로 지키자는 평범한 말로 들린다. 그러나 우리는 '자주국방'이라는 말보다 그 뜻에 더 주목해야 한다.

먼저 자주국방을 하기 위해서는 내적 태세가 선행되어야 한다. 즉 자주국방의 선결 요건으로 국민들이 어떠한 일이 있더라도 내 나라는 내가 스스로 지키겠다는 정신을 가지고 있어야 한다.

오래전 일이지만 북한 공군 조종사 이웅평 대위가 귀순할 당시 (1983. 2) "서울·인천지역에 적의 폭격이 예상된다"라는 민방위 본부의 경고 방송에 서울을 떠나 피난길에 오른 시민들로 고속도로

가 북새통을 이루고 서울 근교 톨게이트가 마비된 일이 있었다.

2010년 3월 천안함 폭침 시에는 대부분의 국민들과 전 매스컴에서는 "(햇볕정책을 통해) 북한을 도와주겠다는 약속을 어긴 우리 정부의 강경책이 자칫하면 전쟁을 초래하겠다"라는 우려와 원망이 비등했다. 여기에 국회의원들까지 나서서 "…그렇다면 전쟁을 하자는 말이오!"라고 국방부 장관을 질타하였다.

이 무렵에는 어찌 된 셈인지 북한의 만행을 규탄하는 항의 시위 한번 제대로 없었다. 이러한 상황들은 당시 나라를 사랑하는 군인들을 분개토록 하였다. 미래에 대한 예언을 하려면 과거를 보라고 했던가? 결국 7개월 후 북한의 연평도 포격이 발생하고 말았다.

뿐만 아니라 그동안 북한이 6차에 걸쳐 핵 실험까지 했지만 전문가라고 하는 시사 대담 참여자들은 남의 나라 일처럼 3자적 관전평만 늘어놓았다. 지금도 "어떠한 일이 있더라도 전쟁만은 절대 안 된다"라는 말을 경세가인 양 갈파한다.

좋다! 다만 국가가 전쟁을 하지 않고 더 좋은 방안이 있다면 그 길이 최선일 것이다. 그러나 전쟁이 무서워 전쟁을 피하면서 큰 목소리로 "전쟁은 안 된다"라고 주장하는 것은 '겁 많은 강아지가 크게 짖는 것'과 무엇이 다른가?

자주국방은 단순히 주요 무기체계를 국산화하고 전작권을 가져

온다 하여 무조건 이루어지는 것이 아니다. 전쟁이 국가정책의 목표가 될 수는 없지만 국익을 위해서는 전쟁도 불사하겠다는 각오가 있어야 한다. 이때에 비로소 자주국방은 그 첫 단추가 끼워지게 되는 것이다.

다음은 자주국방을 현실적 의미에서 들여다보아야 한다.

우리의 자주국방은 1970년대 무기와 장비의 자주적 생산이라는 관점에서 점차 전작권 전환으로 핵심이 변경 되어왔다.

자주국방이란 순수한 의미에서만 보면 자국의 능력과 의지만으로 자국의 실정에 맞게 국가방위 목표를 달성해 나가는 것을 말한다.[1] 즉 국방정책의 수립과 여기에 필요한 군사력 건설과 그 사용을 마음대로 할 수 있어야 한다. 그러나 이것은 순수한 의미의 자주국방으로 다음과 같은 이유로 실현이 매우 어렵다.

첫째, 시시각각 변하는 복잡한 국제관계 때문이다. 강력한 통제기구가 없는 국제질서는 복잡한 '힘의 논리'가 지배하는 '편먹기 게임'으로 이루어져 있다. 따라서 누구의 간섭이나 도움 없이 국방 정책의 수립과 군사력의 건설과 사용을 마음대로 하는 것은 현실적으로 불가한 것이다.

---

[1] 한용섭,《국방정책론》, 박영사, 2014, 270쪽.

둘째, 현대 군사과학기술의 첨단화와 이에 따른 국방예산은 천문학적이다. 핵무기를 제외하더라도 재래식 무기 역시 이미 현대화·과학화·첨단화·정보화가 되어왔고 지금도 발전을 계속하고 있다. 전장의 영역도 기존의 지상·해상·공중에 추가하여 사이버와 우주 공간까지 확대되었다.

결국 이러한 국방환경의 변화를 충족시키는 군사력을 건설하기 위해서는 막대한 국방비가 필요하다. 그러나 어느 국가든 그 국가의 한정된 예산으로는 수요를 충족시킬 수 없다.

특히, 나라마다 매년 증가하는 복지 예산의 규모를 고려할 때 적정 국방예산의 확보는 점점 더 어려워지고 있는 것이 모든 국가의 공통점이다. 따라서 도움을 줄 것은 주고, 받을 수 있는 것은 받아야 한다.

셋째, 전쟁 규모의 대형화이다. 현대전은 무기체계의 발달로 인해 치명적이고 예측불허의 피해를 동반한다. 따라서 현대전은 한 국가가 그 역량을 총동원하고 동맹의 힘까지도 추가하여 사용하는 연합작전을 그 특징으로 하고 있다. 이러한 이유로 순수 자주국방은 결국 모든 것을 나 혼자 '솔로'로 하는 국방으로 '이상형'에 지나지 않는다.

오늘날의 현실은 동맹이나 안보 협력 등의 세력 균형을 통해 국방목표를 달성해 나가는 것이 일반적인 추세이다. 세계 초강대국인 미국의 경우도 마찬가지다. 우리의 자주국방 역시 한반도의 지정학적 위치와 현재의 안보상황 등을 고려할 때 순수 자주국방 원칙을 지향하되 동맹을 통해 국가방위의 목표를 달성해 나가는 실리적 자주국방이 될 수밖에 없다.

"…언제까지 주한미군에 의존하려는 생각은 옳지 않다"라고 말하던 노무현 대통령까지도 "미국의 안보전략이 바뀔 때마다 국론이 소용돌이치는 혼란을 반복할 일도 아니며, 대책 없이 주한미군 철수만 외친다고 될 일도 아니다"[2]라고 언급하며 자주국방과 한미동맹의 상호보완성을 염두에 두고 협력적 자주국방을 주장하였다.

외부의 힘을 빌릴지라도 그것이 자국의 의사결정에 따라 이루어졌다면 그것 역시 자주국방이라는 것이 오늘의 현실이며 그것이 바로 현실적 의미의 자주국방 이기도 하다. 만병통치는 아니지만 동맹은 선택이 아닌 필수인 것이다.

한 마디로 '솔로'보다는 '오케스트라'인 쪽이 경제적이며, 소리도 더 크고 웅장하다.

---

2 같은 책, 269쪽

한미동맹 : 빛과 그림자

　한국 전쟁이 끝나고 우리의 국력이 매우 허약하던 시절 우리 정부의 요청으로 우여곡절 끝에 맺은 한미동맹은 지난 70여 년간 수많은 도전과 시련이 있었지만 한미 양국이 슬기롭게 극복하면서 국가 발전의 기틀을 마련해 주었다.
　그러나 세월이 지나면서 한미동맹에 대한 견해는 대체로 긍정과 부정의 두 갈래 길로 나누어지게 되었다. 어떤 이는 중국과의 동맹까지 주장하기도 한다. 물론 모든 현상과 사물에는 그 양면성이 있다. 밝은 면과 어두운 면이 있기 마련이다. 밝은 면의 이면에는 그림자가 있고 그림자는 빛에 의해 생기는 법이다.

　먼저 한미동맹의 그림자를 살펴보자.
　한미동맹은 출발부터 강자와 약자 간에 체결한 편승 동맹이었다.[1] 일반적으로 편승 동맹은 구조적으로 자율성과 의존성의 상반된 문제를 내포하게 되어 있다. 즉 강자로부터 안보와 영향력을 제공받는 대신 그들이 원하는 방향으로 국방을 추진해야 한다는 것이다.

경제적 측면에서는 1991년도부터 방위비 분담금을 지불하고 있듯이 방위비를 분담해야 하는 문제에 부딪히게 된다.

편승 동맹의 또 다른 특징은 국력 격차에서 오는 불평등과 전략전술·교육 훈련·무기체계 등의 의존에서 오는 위계질서 문제이다.

둘째, 우리가 한미동맹체결[2] 이후 '선先 경제, 후後 군사 발전 전략'[3]을 채택하여 경제 발전은 이루었으나 국방을 미국에 의존함으로서 군사력 건설과 사용 등에서는 자율권을 완전하게 행사할 수 없었다.

이 결과 북한에게는 남한의 억제 정책과 능력에 대한 불신을 심어 주었으며, 우리에게는 우유부단한 전쟁관을 갖게 했다. 북한군의 군사위협에 단호하게 대처하는 선례를 만들지도 못했고 은연

---

1 한용섭,《국방정책론》, 박영사, 2014, 56쪽.
2 〈한미상호방위조약〉 전문은 부록에 수록
3 박성규·길병옥,《현대 북한의 이해》, 충남대 출판문화사, 2013, 320쪽.

중 패배주의와 수동주의에 젖게 만든 것이다. 현재의 느슨한 안보의식은 수십 년간 지속되어 온 이러한 영향이라 보아도 틀린 말은 아닐 것이다.

셋째, 우리 군사력 사용에 대한 미국의 통제이다.

북한군이 도발할 때마다 미국은 작전통제권(작통권)을 통해 한국군의 군사력 사용을 자제 시켜왔다. 청와대기습사건(1968. 1), 버마 아웅산 테러(1983. 8) 때도 마찬가지였다. 이것은 북한의 도발이 있을 때마다 미국으로 부터의 작통권 환수를 거론하게 만든 이유가 되기도 했다.

우리의 작통권이 미국에 있다 보니 북한은 대담하게도 전쟁 으름장과 자기 나름의 흥정을 위한 옵션을 제시하게 되었으며, 도발에 대한 보복과 공포를 전혀 느끼지 않은 상태에서 도발을 반복하는 결과를 초래하기도 했다.

다음은 한미동맹의 긍정적 측면을 보자.

손익계산서를 따져볼 때 한미동맹은 속된 말로 크게 남는 장사였다. 국가발전의 중요전략이자 유용한 자산이었으며, 세계 최빈국에서 경제 대국으로 성장하게 된 것도, *공식적으로 인정받는 데이터는 아니지만* GFP(세계 군사력) 평가에서 세계 6위에 오른 것도 한미동맹이 있었기에 모두 가능했다.

현재도 한미동맹은 국가 안보 최후의 보루로서 대체 불가한 선택지이다. 이런 이유 때문인지 2018년 6월 대통령도 평택기지 이전 축사에서 "한미동맹은 평화와 안정의 기반이었고 경제성장과 민주화의 기틀이었다"라고 평가하였다.

이는 한미동맹이 단순한 군사동맹에서 포괄적 동맹으로 성장했음을 의미하는 것으로 대한민국 발전에 대한 기여와 위상을 짐작하게 하는 대목이다.

한미동맹은 군사적 측면에서 전시는 물론 평시에도 북한에 대한 억제력을 통해 한반도 평화의 핵심적 역할을 수행하고 있다.

어느 국가든 전시 존망의 기로에서 살아남기 위해서는 비장의 수단을 갖추기 마련이다. 이를 군사 용어로는 믿고 싸울 수 있는 힘의 근원이라는 의미에서 '중심重心'이라고 부른다.

동서양 병법의 기본적 차이점 중 하나가 바로 적의 중심을 어떻게 보느냐 하는 것이다. 손자孫子는 적의 중심을 적의 의지와 동맹 관계로 보았으나 클라우제비츠는 적의 군대로 보았다. 한미동맹은 어느 쪽으로 보든 우리 국방의 '중심'이다. 한마디로 한미동맹은 우리에게 '믿는 구석'인 것이다.

이처럼 한미동맹은 과거는 물론 지금도 국방의 중심이며 북핵·미사일로 인해 전략적 중심으로서의 중요성은 더욱 증대되고 있는 상황이다. 혹자는 한반도의 지정학적 위치와 2008년 중국과 맺은 '전략적 협력 동반자 관계'를 근거로 균형 외교를 주장한다. 그러나 중국은 북한과 동맹관계이다. 그리고 한국은 이미 한미동맹을 스스로 선택했다. 따라서 균형 외교는 있을 수 없는 일이며 착각이다.

같이 가냐? 따로 가냐?

북핵 문제 해결하기 위한 유화책으로 한미연합훈련이 대폭적으로 축소되고 있는 것과 관련하여 국회에서도 논란이 있었다.

매년 실시하는 KR ^{Key Resolve} / FE ^{Foal Eagle} 와 UFG ^{Ulchi Freedom Guardian} 연습에 참가한 현역과 예비역들은 약해진 훈련 강도와 분위기에 대해 "이래 가지고 되겠는가?", "어떻게 하려고 이러나?"라는 우려의 말을 했다.

"명칭도 없이 하는 훈련이 어디 있습니까?"라는 훈련에 참가한 한 예비역의 걱정은 한미연합훈련의 현주소를 대변해 주는 듯했다. 반면, 한미연합훈련 무용론을 주장하는 사람들은 북한 주장과 궤를 같이 하면서 한미연합훈련이 미군들에게 훈련 기회를 제공하는 연례적인 전지 훈련이라거나 방어적 훈련이 아닌 공격(공세적) 훈련, 또는 북한을 자극하고 남북관계를 저해하는 훈련으로 비난하고 있다.

한반도 안보에 기여 해야 할 한미연합훈련이 오히려 안보를 해치고 있는 것으로 취급 받는 실정이다.

자! 그러면 왜 한미연합훈련이 필요한지, 왜 한미연합훈련이 존중되어야 하는지 살펴보자.

먼저, 연합훈련이 필요한 이유이다.

동맹의 목표는 전쟁 억제와 승리이다. 따라서 연합훈련은 동맹으로서 공동의 목표를 다하기 위한 당연한 훈련이다.

한미연합훈련은 전시에 한미가 공동으로 작성한 연합작전 계획에 따라 한 팀이 되어 전시 작전을 연습해보는 것이다. 축구로 보면 한국과 미국에서 베스트 일레븐을 선발하여 한 팀을 이루어 연습을 하는 것이다. 연습 경기는 일레븐을 모두 투입하여 가상의 적을 상대로 전략을 시험하고 보완한다. 연합훈련도 마찬가지다. 연습 경기처럼 전시에 적용할 전략대로 부대(선수)를 편성하여 훈련하고 그 결과를 검토 분석하여 보완한다.

이를 군사적으로는 '작계(작전계획) 시행훈련'이라 하며 군단급 이상 대부대에서는 망각 주기·병력 교체와 순환율 등을 고려하여 연 1회 실시하는 것을 원칙으로 하고 있다. 이처럼 연합훈련은 동맹의 목표에 부합하고 적 공격(침략)에 대비한 한미연합작전 계획에 따라 실시하는 훈련으로 국가 이익 중 생존과 직결되는 문제이기도 하다. 따라서 한미연합훈련은 성격상 방어적 훈련 일 수밖에 없다.

북한의 침략으로 발생한 전쟁에서 방어가 성공할 경우 미*수복 지역(북한)에 대한 수복 작전으로 확대하는 것은 군사 교리적(방어작전의 목적은 공세이전攻勢移轉임)으로 보나 헌법적으로 보나 정당하고 당연한 군사 활동이다. 이처럼 한미연합훈련의 출발점은 어디까지나 북한의 선제공격이다. 따라서 연합훈련은 북한이 공격하지 않는 한 우리가 먼저 북한을 공격하지 않는다는 의미를 내포하고 있다.

다음으로 연합훈련을 미군을 위한 전지훈련이라고 비난하는 점이다. 미군이 한반도에서 싸우는 방법은 전장 환경도 다르지만 다른 지역에서 싸우는 방법과는 확연히 다르다. 한반도에서는 방어·반격 등의 전면전이지만 타지역에서는 주로 대테러와 경계작전, 치안유지 및 질서 회복, 정부 통치 지원 등의 평화유지 작전 Peace Keeping Operations이나 평화강제 작전 Peace Enforcement Operations이다. 전면전에 관한 한 한반도가 유일하다. 따라서 미군을 위한 전지훈련이라는 논리 또한 적절치 않다. 구태여 한미연합훈련의 성격을 논한다면 한국을 위한 미군의 전지훈련인 셈이다.

마지막으로 한미연합훈련이 북한을 매우 자극한다는 주장 역시 수긍하기 곤란하다. 북한의 기본 전략은 반복하여 말하지만 '선제기습·배합전·속전속결'이 합쳐진 공세 전략이다. 그러나 남한은 방어 중심의 억제 전략을 유지하고 있다.

헌법에서도 침략전쟁을 명백하게 부인하고 있으며 한미연합작전 계획도 억제와 방어 중심으로 되어있다. 이는 남한의 전략적 한계이기도 하다. 북한도 이러한 남한의 전략적 한계를 간파하고 있다. 그렇기 때문에 6.25를 일으켰고 휴전 이후에도 각종 도발을 서슴지 않고 반복해 왔다.

이처럼 남한과 한미동맹이 절대로 먼저 공격하거나 도발하지 않는다는 것을 그들은 잘 알고 있기 때문에 북한이 한미연합훈련에 대해 겁먹을 상황은 아닌 것이다. 따라서 한국과 미국이 한미연합훈련을 할 때마다 북한이 주민과 군대를 동원하여 전쟁 분위기를 조장하고 한미 연합훈련을 북침 훈련으로 비난하는 것은 북한이 주민 통치와 한미 동맹의 와해라는 일석이조一石二鳥의 효과를 노린 것으로 볼 수밖에 없다.

한미동맹은 6.25직후 북한의 재침, 허약한 우리 경제, 미국의 전후 복구 지원을 염두에 두고 우리의 필요에 따라 우리가 결정하여 체결한 것이며 이에 따른 양자 간의 연합훈련은 '바늘과 실', '순망치한脣亡齒寒'의 관계이다. 따라서 북한이 한미연합훈련을 비난한다면 이는 국방과 외교에 대한 간섭이 된다. 뿐만 아니라 과거 6.25부터 현재의 대남적화對南赤化 전략에 이르기까지 '방아쇠를 먼저 당긴 자'는 북한이고 한미동맹과 연합훈련의 원인 제공자 역시 북한이다. 그런 입장에서 이를 시비是非하는 것은 "도둑이 몽둥이를 든다"는 적반하장賊反荷杖인 것이다.

   국방의 중심이 한미동맹임에도 불구하고 애초부터 연합훈련을 남북관계 개선을 위한 '딜Deal'로 삼은 것 자체가 오류이자 잘못된 발상이었다. 평화를 전제로 한 딜Deal은 결국 현재의 전시 한미연합작전 계획을 유명무실화하려는 시도이다.
   어느 시대 어느 나라 군대이던 전시에 대비한 작전 계획이 존재하기 마련이고 그것이 존재하는 한 훈련은 필수적이다. 따라서 전시戰時에 대비한 한미연합훈련의 중단은 곧 전시연합작전 계획을 폐기하는 것이며 이는 전쟁을 포기하는 것이다. 동시에 전쟁억제와 전승이라는 동맹의 목표를 근본적으로 부인하는 것으로 적에게 우리의 생존과 국가의 주권을 갖다 바치는 것이 된다.

   클라우제비츠는 "최고 사령관과 군대는 훈련을 통해 전장의 안개와 같은 마찰 요소를 최소화 해야 한다"라고 했다.
   현재 한반도에 드리워진 안개는 대무大霧와 운무雲霧가 진하게 혼재되어 있는 상태이다.

세상사에 복잡한 일이 생기면 깊이 생각도 하고
주변에 의견을 구하기 마련이다.
나의 생각과 주변의 생각을 정리하면 복잡한 사안도
그 본질을 꿰뚫게 된다. 영어로는 'See Through'라고 한다.
깊이 생각하지 않고 주변의 의견마저 듣지 않고
자신의 소신을 지켰다고 우기면 "젖비린내 난다"는
구상유취 口尙乳臭한 짓이 되고 만다.
만약 구상유취한 태도로 중대사를 처리한다면
재앙으로 연결될 수밖에 없다.

제 3 장

밀리터리 프리즘
Military Prism

소牛도 '코뚜레'를 잡아야 끌려온다

발표하는 연구기관마다 조금씩 다르지만 북한은 현재 20~60개의 핵폭탄을 보유하고 있으며 해마다 여섯 개의 핵무기를 새로 만들어 낼 수 있는 능력을 가지고 있는 것으로 추정하고 있다.[1] 2021년 11월 북한 전문매체 38 노스에 따르면 북한은 매년 플루토늄Plutonium 6kg을 생산할 수 있는 영변의 5메가 와트MW 원자로를 계속 가동하고 있는 상태이다. 이러한 북한의 능력은 시간이 지남에 따라 더욱 더 향상될 것으로 보인다.

북한은 8차 당 대회에서도 전술 핵무기 등 다양한 핵무기 증강 계획을 밝혔다. 북한의 핵 개발 능력이 이미 상당한 수준인데 그 능력을 더 강화시키겠다는 것은 우리에게는 그만큼 비핵화의 실

---

[1] 미랜드연구소·아산정책연구원, 〈북한핵무기위협〉 공동발표(2021. 4. 13.).

현이 점점 어렵게 되어 가고 있음을 말해주는 것이다.

　북한의 핵은 시간이 지나면서 우리에게 거센 도전이자 시련으로 다가오고 있다. 그럼에도 불구하고 북한 핵에 대한 우리의 대책은 사실상 매우 미흡한 상태이다. 미국의 확장 억제를 좀 더 구체화시킨 한미동맹의 '맞춤형 억제 전략'에만 의존하고 있는 실정이다.

　이는 북한의 탄도미사일 위협 단계별로(위협단계-임박단계-사용단계) 경제와 외교, 군사 분야에서 맞춤식으로 조치하여 북한의 탄도미사일 발사를 차단하겠다는 것으로 임박·사용단계에서는 선제공격까지도 포함하고 있다.[2]

　그러나 '맞춤형 억제전략'은 어디까지나 북한이 이를 신뢰성 있게 받아들여야 억제라는 효과를 달성할 수 있다. 북한이 일부러 무시하거나 확전을 시도할 경우에는 무용지물이 되고 만다.

　뿐만 아니라 미국과 한국이 맞춤형 억제 전략을 시도할 경우 미국과 한국 국민의 일부 그리고 주변국에서 핵전쟁과 확전을 염려하여 반대할 가능성도 있다. 이 경우에도 맞춤형 억제 전략의 실효성은 상실되고 만다.

　이런 이유로 저低위력 핵무기와 전술 핵의 재배치, 핵 개발, 북대

---

[2]　한용섭, 《국방정책론》, 박영사, 2014, 164쪽.

서양조약기구NATO와 같은 핵방위기구[3] 등을 언급하기도 한다.

  사실 이러한 조치들이 상황에 따라 단계적으로 이루어 질 수도 있다. 어쩌면 이것이 최상책이 될 수도 있다. 그러나 이러한 조치들은 동맹은 물론 주변국들의 협조가 있어야 가능한 것들로 쉽지 않은 일이다. 게다가 북한의 비핵화도 유도해야 한다. 따라서 핵이 없는 우리 입장에서는 확장억제(맞춤형 억제 전략)의 보강과 함께 독자적인 대책도 최소 억제 전략 차원에서 추진해야 한다.

  먼저 한미동맹을 강화하는 것이다.

  현재 북한의 핵 위협은 미 본토를 위협할 정도로 고도화되었다. 북한이 남한을 핵무기로 공격하는 상황이 된다면 북한은 미국에게도 경고를 하게 될 것이다. "만약 미국이 한국을 돕겠다고 나설 경우 미국의 어느 도시 1~2개를 타격하겠다"라고 북한이 경고한다면 미국은 피해를 감수하면서까지 한국을 방어해 줄 것인지에 대한 고민을 할 수밖에 없다. 즉 한국에 대한 맞춤형 억제전략의 약속이 부담이 될 수도 있는 것이다. 따라서 무엇보다 한미동맹을 견고히 함으로써 미국이 자신들의 희생을 감수하면서까지도 한국

---

[3] 미국과 NATO 동맹국들이 NATO의 핵전략을 공동으로 기획하고 공동으로 표적을 선정하며 핵 보복공격에 대한 구체적인 행동방침을 정하고 이를 실천해 나가기 위한 기구를 말한다. (한용석, 《국방정책론》, 박영사, 2014, 173쪽.)

을 사수할 수 있도록 관계를 공고히 하는 노력이 중요하다.

둘째, 한국군 단독의 선제 타격과 응징 보복 능력을 강화하는 것이다.

북한은 고체연료 사용에 이어 극초음속 미사일까지 개발한 것으로 추정된다. 우리 입장에서 보면 그만큼 요격이 어려워진 것이다. 따라서 선제 타격하는 방안이 강구되어야 한다. 물론 최선책으로 핵 사용을 근본적으로 차단하는 전략적 마비 개념도 고려할 수 있다. 그러나 이는 많은 시간과 노력이 소요된다. 따라서 기존의 3축 체계4를 대폭적으로 보완하여 대비할 필요가 있다.

현재 한국군은 F-35와 무인정찰기 등으로 선제타격 능력이 강화되어 있다. 따라서 북한이 핵 사용 임박 징후를 보이게 되면 여지없이 선제타격하고, 그럼에도 불구하고 북한이 핵 공격을 감행한다면 참수작전을 통해 북한 수뇌부를 처치하고 평양은 물론 주요 핵심 표적과 일정지역을 초토화시키겠다는 보복 능력과 의지를 그들로 하여금 믿게 한다면 쉽게 핵 사용을 결정할 수는 없을 것이다.

---

4 현재의 전략적 타격체계인 선제타격(kill-chain)과 응징보복(KMPR) 그리고 한국형 미사일 방어체계(KAMD)를 말한다. 《전략연구》통권 제81호, 2020, 58쪽).

셋째, 우리의 핵 잠재 능력을 보강하는 것이다.

이는 핵무기를 개발할 수 있는 소요 기간을 단축시켜 나가는 것으로 북한이 핵을 포기하지 않는 한 핵 보유는 목표가 되어야 하며 이를 위한 노력은 계속되어야 한다. 핵은 핵으로써 견제와 균형이 가능하기 때문이다. 현재 자료에 의하면[5] 우리가 가지고 있는 수준을 고려할 때 핵 개발 소요 기간은 1년~1년 6개월 정도이다. 뿐더러 우라늄·플루토늄을 확보하기 위한 설비도 복잡하고 난해한 것으로 알려져 있다. 플루토늄 추출도 4~6개월이 소요된다. 이처럼 어려운 과정이 많지만 단축을 위한 노력은 매우 미흡한 상태이다. 북한이 핵을 사용할 경우 핵 잠재능력의 보강을 통해 다소 늦더라도 반드시 핵은 핵으로 보복한다는 믿음을 북한에 심어 주어야 한다.

넷째, 우리 국민들의 총력전 결의이다.

핵 공격시 끝까지 싸우겠다는 국민들의 의지는 적에게는 가장 큰 억제력이다. 유형적인 능력이 아무리 출중하더라도 정신력이 박약하면 결과는 패배할 수 밖에 없다. 아무리 좋은 무기도 무용지물이다. 탈레반에 굴복한 아프가니스탄 정부군의 모습을 통해서도 알 수 있다.

---

[5] 같은 책, 53쪽.

다섯째, 미국이 주도하는 미사일 방어체계^{MD} 불참으로 3축의 하나였던 미사일 방어체계^{KAMD}의 완전성은 더욱 더 절실한 상황이 되었다.

한미동맹이 북한의 핵 사용 징후를 포착하여 선제 타격 할지라도 북한의 장사정포와 미사일 공격은 계속될 것이다. 따라서 현재의 종말 단계 하층방어 위주의 미사일 방어체계를 보완하고 한국형 아이언돔 Iron Dome을 조기에 배치하여 미사일 방어 체계와 통합한 다층 방어망을 구축해야 한다.

여섯째, 피해 최소화를 위한 민·관·군 합동훈련이 실질적으로 이루어져야 한다.

북한은 그동안 빈번한 미사일 발사를 통해 남한은 물론 미국까지도 긴장을 조성해 왔다. 만약 북한이 핵폭탄이나 이에 상응하는 수단으로 공격을 한다면 그 일차적 상대는 남한이 될 것인데 이에 대비한 형식적인 민방위 훈련마저도 없는 상태이다. 그러나 일본은 말할 것도 없고 하와이 주에서도 북한의 핵 공격에 대비하기 위하여 방공훈련을 실시한다는 언론의 보도가 있었다.[6] 또한 영세중립국가인 스위스마저 핵 전쟁에 대비하여 30여 만개의 대피호

---

6 김영욱, 〈하와이 핵 대피훈련〉, 뉴스워커, 2017.
7 박휘락, 《북한 핵 공격을 가정한 대피의 필요성과 과제》, 리버티헤럴드, 2016.

를 구축해 놓은 상태에서 정기적인 훈련을 실시하고 있다[7]는 것은 이미 널리 알려진 사실이다. 무방비 상태인 우리에게 시사하는 바가 크다.

"적을 끌고 다니지 결코 끌려 다니지 않는다 致人而不致於人"

손자는 싸움에서 승리하려면 주도권을 장악해서 적을 끌고 다녀야지 끌려 다녀서는 안 된다고 강조한다. 현재 북핵에 대비한 유일한 대응 전략인 맞춤형 억제 전략이 제대로 작동하지 않더라도 판을 이끌 수 있어야 한다.

때로는 직구가!
때로는 변화구가!

"우리는 남북관계를 왜 수세적 자세로 일관하는가?"

가장 흔히 듣는 질문이다.

국가 간에 경제력이 우세한 쪽이 주도권을 갖는 것이 일반적인 현상인데 수십 배의 경제력 차이에도 불구하고 북한이 공세, 우리가 수세인 현실에 대한 우려와 불만에서 비롯된 질문일 것이다.

북한의 공세적 태도를 보면서 우리가 한반도 운전자 역할을 제대로 못했기 때문에 또는 북한이 기대했던 경제적 지원 등이 제대로 이루어지지 않았기 때문이라는 말도 하지만 그것은 어디까지나 표면적 이유일뿐이다. 근본적인 이유는 남북한 통일 전략의 차이라는 점을 직시해야 한다.

북한의 통일 전략은 군사투쟁 우선 전략이다. 북한은 평화적 통일이 현실적으로 불가능하다는 것을 알고 있기 때문에 이 전략을 선택한 것이다. 이후 남북 간 국력 차이가 커짐에 따라 연방제 통일방안을 제기해 방어책을 구사했다. 냉전이 끝난 후에는 선군정치를 통해 군사면에서 대남 우세를 확보함으로써 통일문제에서 주도권 탈환을 시도했지만 국력 차이에서 오는 전력 차이를 극복하지 못했기 때문에 핵 개발에 나섰다.[1] 결국 북한은 이러한 군사 투쟁을 통한 통일 우선 전략을 추구하기 때문에 남북한 간에 긴장과 대치국면을 조성하고 강경책을 구사할 수밖에 없는 것이 그들 나름대로의 불가피한 입장이다.

반면에 남한은 어떤 식으로 표현하든 본질은 햇볕정책이다. 사회주의 체제를 평화적 수단을 통해 자유민주주의 체제로 변화시키는 것이다. 북한 또한 이 점을 충분히 인식하고 있다. 햇볕정책이 제대로 실현되려면 먼저 한반도 주변 정세가 안정되고 남북관계가 개선되어 인적·물적 교류와 협력이 이루어져야 한다.[2] 북한은 이처럼 군사 투쟁 우선 전략을 취하고 있지만 남한은 북한과는 정반대의 화해·협력을 근간으로 하는 상반된 전략이기에 구조적으로 상충한다. 그렇기 때문에 수세적으로 보일 수 밖에 없는 것

---

1 장롄구이, 〈한반도 6월 위기와 두 가지 전략〉, 조선, 2021.
2 앞의 책.

이다.

상반된 전략을 군사적으로 접근해 본다.

전략은 미래지향적인 것으로 목표 달성을 위해 상황을 고려하여 가용자원(수단)을 활용하는 방법이다. 즉 전략이란 목표와 상황과의 변증법적 대화를 통해 만들어지는 것이다. 현재의 햇볕정책은 남북한 간의 긴장관계를 완화하고 북한을 개혁·개방으로 유도하기 위해 김대중 정부가 추진한 대북 정책이었지만 북한은 과도한 군비 지출과 경제 위기, 그리고 식량 위기에 몰려 있으면서도 체제는 바뀌지 않았다. 이제 북한은 햇볕정책의 예상을 뒤엎고 핵보유국이 되었다.

뿐만 아니라 미·중을 비롯한 주변국 상황도 달라졌다. 즉 변수인 상황이 크게 달라진 것이다. 그렇다면 군사적으로 볼 때 우리 전략을 과거지향에서 보다 미래지향적인 것으로 바꾸어야 한다.

맥아더 장군이 압록강까지 진격하여 통일을 목전에 둔 상태에서 만난 적과 환경, 상황은 인천상륙작전에서 상대한 그것과는 전혀 다를 수밖에 없었다. 그러나 바뀌고 달라진 것을 모르고 계속 고지식하게 같은 전략을 고수했다. 결과 북진은 했지만 많은 피해를 입게 되었다.

"전쟁에서 거둔 승리는 반복되지 않으므로 과거와 같은 방식으로는 다시 승리하기 어려우니 끝없이 새로운 환경에 적응해야 한다戰勝不服 應形無窮"

옛 병서에 나오는 말이다.

야구에서도 투수가 직구만 던질 수도, 변화구만 던질 수도 없다. 상대하는 타자와 상황에 따라 직구와 변화구를 섞어 던져야 하는 것과 같은 것이다.

'안방 금고'는 빼고 계산한다?

한국의 GFP(Global Fire Power, 세계 군사력) 순위를 보면 2017년에는 11위, 2018년과 2019년에는 7위였지만 2021년은 지난해에 이어 6위를 차지했다. 위로는 '미국-러시아-중국-인도-일본'뿐이었다.

이 자료를 근거로 세계 군사력 6위라는 자랑을 하기도 한다. 물론 세계 군사력 6위는 나름대로 의미 있는 수치임에 틀림없다. 그러나 GFP순위가 갖고 있는 거품을 제대로 알아야 할 필요가 있다.[1]

첫째, 핵 전력이 제외되어 있다는 점이다.

---

1   GFP (Global Fire Power) 사이트(2021. 3. 18).

핵 시대에 핵이 있으면 군사력이 있는 것이고 없으면 군사력이 없는 것으로 평가할 만큼 핵은 군사력의 중심이다. 핵은 결국 '안방 금고'와 같은 것이다.

현재 GFP 6위라 자랑하고 있지만 1~4위 까지는 핵 강대국들이며 5위인 일본은 핵무기를 보유하고 있지 않지만 월등한 핵 잠재능력을 보유하고 있다는 것은 주지의 사실이다. 우리와는 차원이 다른 국가들이다. 프랑스가 7위, 영국 8위, 파키스탄 10위, 이스라엘 20위, 북한 25위로써 한국보다 서열은 낮지만 핵을 보유한 국가들이다.

이들 핵 보유 국가들은 비록 군사력 서열이 높은 국가라 하더라도 핵이 없는 국가의 군사력을 두려워하지 않을 뿐더러 자국 군사력의 열세를 인정하려 하지도 않을 것이다. 핵 보유 국가들은 현실적으로 핵 전력을 유지하고 발전시키는 데에도 많은 예산을 투입하고 있다. 따라서 핵무기를 비대칭이라는 이유로 제외한 상태에서 군사력을 평가하는 것은 재산 상태를 평가하면서 상대방 안방에 보관한 금고를 빼고 계산하는 것과 마찬가지인 셈법이다.

둘째, "경제력과 국방비 비율이 순위를 좌우한다"라는 점을 짚어 볼 필요가 있다.

군사력이란 군사 작전을 수행할 수 있는 능력이다. 따라서 군사적 수단을 활용하여 군사 목표를 달성하고자 하는 전투력이 군사력의 핵심이 되어야 한다. 그런데 GFP의 평가 요소를 보면 병력과 장비, 인구, 국토, GDP, 외환보유고, 기반 시설, 석유 생산과 소비, 국방비로 된 50여 개로 경제력과 관련된 요소들이 대부분이다. 세계 군사력 자료(2021. 3. 18)에 의하면 집계 방식도 GDP와 GDP 대비 국방비 비율이 큰 영향을 차지하게 되어 있다.

실제로 GDP 순위 10위권 내외의 국가들이 GFP에서도 10위권 내에 포진되어 있다. 중국이 2000년대 들어 군사력 순위가 미국의 뒤를 잇게 된 것도 경제대국으로 부상하면서 국방비를 미국 다음으로 투자하기 때문이며, 북한이 2021년 평가에서는 적은 국방예산 등으로 순위가 25위로 밀려났지만 2018년과 2019년도에는 18위를 점하여 호주나 스페인, 캐나다 보다 상위를 차지하였던 것도 결국 GDP 대비 국방비 비율이 높았기 때문이었다.

셋째, GFP 순위를 국가 간에 비교하여 우열을 판단할 수는 없다.

국가마다 처한 위협의 규모와 성격이 다르기 때문에 최적의 군사력과 대비 태세는 다를 수밖에 없다. 예를 들면 일본은 해·공군 위주로 군사력을 유지하고 있지만 한국은 남북 분단으로 인해 지상군 위주이다. 따라서 한국과 일본을 비교할 수는 없다. 뿐만 아니라 프랑스가 7위, 영국 8위, 독일이 15위이지만 영국과 프랑스는 앞서 언급한 바와 같이 핵무기는 물론 항공모함까지 보유하고 있으며 3개국은 최첨단 전투기 생산 능력을 보유하고 있다.

이들 국가들은 90년대 초반 냉전 종식 이후 국방비 지출을 해마다 줄이고 지상군의 규모도 작아졌지만 전투력은 한국보다 우월하다는 분석이 지배적이다. 만약 위협이 증가하면 당장 국방비를 높여 필요한 무기체계를 수입하여 군사력을 강화하면 순위는 바로 급상승하게 된다. 이처럼 GFP에 의한 군사력 순위는 국방환경에 따라 변하는 가변적인 요소이기 때문에 패권 경쟁을 하고 있는 강대국이 아닌 이상 순위가 높으면 안보상황이 좋지 않다는 반증이기도 한다. 이러한 이유로 인해 동일한 기준으로 국가 간 군사력의 우열을 가릴 수 없는 것이며 비교 자체가 무의미하다.

넷째, 군사력이란 군사작전을 수행할 수 있는 능력으로 병력·장비 등의 유형 전력과 전략전술, 의지 등의 무형전력이 곱해진 것을 말한다.

따라서 단순히 유형 전력 수준이 높다 하여 군사력 또한 그에 정비례하는 것은 결코 아니다. 무형 전력이 제로(0)가 되면 총체적인 군사력은 제로가 된다. 그러나 GFP에는 무형 전력이 빠져있는 것이다.

결론적으로 국방환경은 각국이 모두 다르고 그에 따른 대비태세 또한 다른 상황이기에 일률적으로 하나의 기준으로 순위를 결정하는 것은 의미가 없다. 때문에 세계의 유명한 군사 전문기관에서 조차 군사력 순위를 일체 발표하지 않는다.

GFP 순위 또한 매년 발표하고는 있지만 이런 이유로 학계나 주요 기관에서조차 일체 인용하지 않는 공신력 없는 자료이다. 따라서 GFP 순위가 강군強軍의 척도가 될 수는 없다. 이러한 자료를 근거로 군사 강국이라 자랑하는 것도 적절치 않거니와 '세계 5위' 국방력을 이루겠다고 국민들을 대상으로 공약[2]하는 것 역시 무의미하다.

뿐만 아니라 이를 근거로 국방비 삭감이나 남북한 군비통제 그리고 남북한 군사력 비교의 자료로 활용한다면 이 또한 적절치 않은 일이다.

---

2 안규백(더불어민주당 국회의원), 국방 분야 총선 공약 발표 "세계 5위 국방력을 이룰 실력과 의지, 바로 더불어민주당입니다"(2020. 3. 9).

인식의 전환

30여 년 전 미국 레이건 행정부에서 국방장관을 지낸 캐스퍼 와인버거Casper Weinburger는 그의 저서 《다음 전쟁The next War》에서 "한반도에서 북한의 남침 가능성은 결코 줄지 않았다"라고 했다.

이 말을 증명이라도 하듯 북한의 도발은 수시로 있었고 북한은 그들의 비위가 상하면 생면부지의 천한 말 폭탄을 쏟아 냈다.

과거에는 북한이 주로 체제 유지와 체제의 정당성을 제고하기 위한 목적에서 도발을 했지만 지금은 북핵 문제 해결과 남북관계에서 돌파구를 마련하고 주도권을 장악하기 위한 수단으로 이루어지고 있다. 이는 앞으로도 계속될 것으로 예상된다. 그런 만큼 위기관리의 중요성은 변함이 없으며 문제점은 개선되어야 한다.

먼저 위기관리에 대한 인식의 전환이 필요하다.

우리는 70여 년간 이어져 온 북한의 도발로 인해 '위기'라는 단어와 매우 친숙한 상태이다. 때문에 위기라는 말을 너무 쉽게 그리고 만성적으로 사용한다. 그러나 엄격히 말하면 위기란 국가간의 중대한 사태가 발생하여 전쟁과 평화의 분기점이 되는 상황을 말한다. 그리고 이때 전쟁으로 확대되는 것을 방지하기 위한 총체적인 노력을 위기 관리라고 한다.

여기서 중요한 것은 위기관리의 목표 설정이다. 예를 들면 환자가 똑같은 질병이 반복해서 걸리게 되면 결국 목숨을 잃게 된다. 따라서 환자의 고통 완화와 악화 방지를 위한 마약성 임시 처방이 아니라 수술, 약물 투입 등 병의 원인에 대한 강력하고 근본적이며 적극적인 처방을 통해 더 나은 상태로 회복시키는 것을 목표로 해야 한다.

위기관리 목표 역시 마찬가지이다. 임시 봉합이 아니라 종전보다 향상된 평화, 즉 재도발의 연결고리를 완전히 차단시키는데 초점을 맞추어야 한다.

그러나 지금까지 우리는 오로지 확전 방지와 상황의 조기종결, 즉 봉합에만 매달려 전전긍긍하는 모습이었고, 목표다운 목표를 보여주지 못했다. 그런 이유로 위기는 고질 질환처럼 반복되어 왔던 것이다.

둘째, 위기에 대한 예측과 이를 근거로 한 예방 활동이다.

"위기가 기회"라는 말도 있듯이 위기는 기회를 동반한다. 따라서 위기를 예측하고 도발 유형별로 정부 차원의 구체적인 대응전략How to Fight을 준비해 놓으면 실제로 상황이 발생했을 때 주도권을 가지고 대처해 나갈 수 있다. 그러나 예측하지 못한 무방비 상태에서는 위기가 가지는 불확실성과 기습성, 충돌 확대 가능성으로 인해 허둥댈 수밖에 없다. 이렇게 되면 주도권을 뺏기게 되고 끌려 다닐 수밖에 없다.

지금까지 북한이 초래한 위기는 KAL858기 폭파와 해수부 공무원 피살처럼 상상을 초월한 방법들이었다. 앞으로도 우리의 허를 찌르는 방법을 사용할 것이라는 견해가 지배적이다. 군사작전에서 늘 강조하는 것 중 하나가 예측이다. 그렇지만 정확한 예측은 쉽지 않고 항상 위험이 따르기 마련이다. 그러나 관련 정보와 과거의 사례, 경험 등을 통해 진화하는 북힌의 도발을 예측하고 징후를 확인해 나가는 노력이 평소부터 이루어져야 한다. 방어하는 입장에서 예측의 핵심은 기습 방지인데 70여 년 동안 계속 기습을 허용해온 것이다.

최선의 전략은 '예방'이다.

셋째, 실제 위기가 발생 했을 때 대응이 아닌 전략에 의한 위기관리가 이루어져야 한다. 즉 현장 중심의 군사적 조치가 아니라 정부의 관련 부서가 원팀One Team이 되어 마련한 정부적 차원의 전략을 가지고 임해야 한다.

그러나 지금까지는 유감스럽게도 국방부만 홀로, 그것도 전략을 가지고 대처하는 것이 아니라 수시로 변화하는 상황에 따라 그때그때 대응만 하는 모습을 보였다. 그 결과 도발자로 하여금 남한의 응징 보복불가론을 굳게 믿게 하였고 더욱 더 공세적 태도를 갖게 했으며, 두려움 없이 도발을 반복하도록 만들어 주었다.

전략 부재와 함께 정부의 일관성 없는 언행 또한 문제였다. 우리정부는 천안함 폭침 사건 때(2010. 3) 심리전 재개를 선언했지만 북한의 연평도 포격전(2010. 11)까지 7개월간 재개하지 않았다. 개성 남북공동연락사무소 폭파(2020. 6)와 해양수산부(해수부) 공무원 피살 사건 때(2020. 9)에도 정부는 강경 대응할 것을 경고했으나 그것으로 끝이었다. 도발을 억제하기 위해서는 경고가 그대로 확실하게 이루어진다는 믿음을 주어야 하는데 말뿐이었다. 그렇기 때문에 매번 도발자는 목표를 달성했지만 당한 입장에서는 재 도발 의지를 차단하지 못한 상태에서 위기를 유야 무야 종결시켰다. 휴전 이후 계속된 이러한 고질적인 문제가 해결되지 않는 한 위기 억제와 억제를 통한 진정한 평화는 요원해질 수밖에 없다. 진정한 평화는 재 도발의 연결고리를 완전히 차단할 수 있어야 가능한 것이다.

한반도에는 북한의 전통적인 위협이 상존하고 있다. 그런가 하면 북핵을 비롯한 다양한 위기 상황에도 동시 대비해야 하는 어려움에 처해있다. 언제 또다시 예측불허의 도발로 인한 위기가 조성될지도 모르는 상황이다. 위기관리에 대한 인식의 전환과 함께 예방을 위한 노력과 정부 차원의 전략이 절실한 상황이다.

옛 병서에서 말했다.
"승자는 승리의 조건을 만든 다음 싸우고 패자는 싸움을 시작하고 나서 승리의 조건을 찾으려 한다"라고.

균형과 평화

휴대폰에 지인으로부터 메시지가 왔다. 메시지는 다른 사람으로부터 받은 것을 전송해온 것이었다. 9.19 군사 합의에 대한 내용이었다.

"전쟁에 패배한 국가가 서명할 정도의 합의문을 써 주었다. 저런 합의문을 써 주었는데도 가만히 앉아 보고만 있는 직업군인이라 자처하는 20년 이상 된 복무자는 고개를 들면 안 된다. (중략) 서해를 북한은 50km, 우리는 80km로 공동수역으로 한다는데 (중략) 나는 오늘 대한민국 국군이 세계 2차 대전에서 패전한 독일 군인인 줄 알았다"

9.19 남북군사합의서에 따라 휴전 이후 최초로 남북한 간에 쌍

방의 군사력 운용방법의 일부를 제한하는 '운용적 군비통제'가 출범한지 제법 시간이 지났다. 그동안 전술적 측면에서는 많은 지적과 논란도 있었다. 그러나 절차와 방법 등의 일반적인 측면에서는 일절 언급이 없었다.

첫째, 군비통제(방법) 측면이다.

본질적으로 군비통제는 적대국 간 군비경쟁을 완화하여 전쟁의 위험과 부담을 제거 또는 최소화하여 안보를 증대시키는 것[1]으로 그 방법은 쌍방 간에 군사력의 균형을 통해 어느 한쪽으로 기울어지지 않도록 하는 것이다. 마치 씨름선수가 서로 넘어지지 않고 균형을 이루어 팽팽하게 샅바를 맞잡고 있는 것과 같은 것이다. 그러나 한 쪽이 핵을 보유한 상태에서 재래식 군사력을 통한 군비통제로는 균형을 이룰 수가 없다. 이는 상식을 벗어난 것으로 군비통제의 역사를 보더라도 그러한 사례를 찾을 수 없다.

본래 군비통제는 출발이 핵무기 경쟁의 폐해를 인식하고 핵 보유국 간에 시작된 것이다. 2018년 9.19 남북 군사합의가 있던 해 4월, 판문점선언에서 '단계적 군축'을 합의한 바 있다. 향후에 이것이 군비통제가 계속되어야 하는 근거로 작용할 수도 있을 것이다. 그러나 쌍방 간에 군사력 균형을 유지할 수 있는 방법이 없다

---

1 합참본부, 《합동·연합작전 군사용어 사전》, 2010, 55쪽.

면 더 이상 진전은 아무런 의미가 없는 것이다.

둘째, 군비통제를 할 수 있는 조건이 충족되었느냐의 문제이다.

군비통제가 성립되기 위해서는 ① 정치관계 개선 ② 군비통제에 대한 공감대 형성 ③ 상호 의지와 신뢰관계 형성 ④ 당사자가 자국의 안보를 자신할 수 있는 국력 축적 등이 선행되어야 한다.[2] 그러나 그 어떤 조건도 성립 되지 않은 상태에서 졸속으로 이루어졌다. 그뿐만 아니라 판문점 선언의 3조 2항에서도 "남과 북은 군사적 긴장이 해소되고 신뢰가 실질적으로 구축되는데 따라 단계적 군축을 실현한다"라고 쌍방이 합의한 바도 있다. 그렇지만 남북한 간에 합의한 '군사적 긴장과 신뢰 구축'이라는 조건 역시 충족되기도 전에 5개월 만에 급하게 추진되었다.

혹자는 군비통제가 이루어지기 위한 조건 중 ④항의 국력 축적과 관련하여 경제력을 근거로 우리가 압도적이기 때문에 군비통제가 가능하다고 주장할 수도 있으나, 국력에는 군사력도 포함되며 핵은 군사력의 중심이기에 경제력만을 국력으로 내세울 수는 없다. 따라서 북핵 억제 등 안보를 자신할 수 있는 국력이 축적되었다고 볼 수도 없다.

사실 여기서는 ④항이 핵심이다. ④항이 충족된다면 군비통제를

---

2 유승찬, 《한반도 군비 통제방안연구》, 한국교육학술정보원, 2012, 10쪽.

결심할 수 있다. 그러나 이것이 충족되지 않는다면 나머지가 충족될 지라도 의미가 없다.

셋째, 진행 단계와 절차에 관한 문제이다.

군비통제는 ① 정치관계 개선 → ② 군사적 신뢰구축 → ③ 운용적 군비통제 → ④ 구조적 군비통제 순으로 진행되는 것이 일반적이다.³ 물론 쌍방의 신뢰가 높아지면 동시 추진도 가능하다. 그러나 정치관계 개선의 초기단계에서 군사적 신뢰구축을 거치지 않고 '운용적 군비통제Operational Arms Control'로 널뛰기를 한 것이다.

정치관계 개선과 군사적 신뢰구축 결과로 군비통제가 이루어져야 하나 반대로 군비통제를 통해 군사적 신뢰를 구축하고 그것을 통해 정치관계를 개선코자 한 것으로 마치 하류의 물을 역류시켜 상류를 채우려는 것과 다름이 없다.

9.19 남북군사합의가 성공적으로 운영되기 위해서는 '남북군사공동 위원회'가 구성되고 가동되어야 한다. 그러나 아직까지도 구성되지 못하고 있는 실정이다. 이유가 바로 이 '널뛰기'에 있다. "아무리 바빠도 바늘 허리 매어 쓰지 못 한다"라는 말처럼 모든 일에는 순서가 있는데 순서를 전혀 고려하지 않았다는 점을 지적하지 않을 수 없다.

---

3 한용섭,《한반도 평화와 군비 통제》, 박영사, 2015, 57쪽.

넷째, 구조적 측면에서도 지켜질 수 있는 합의로 보이지 않는다.

현재 우리는 전작권 전환을 위한 제반 준비가 진행 중에 있으며 여기에는 전력 증강도 포함되어 있다. 그러나 9.19 남북군사합의 제1조 1항을 보면 "… 쌍방은 상대방을 겨냥한 대규모 군사훈련 및 무력증강 … 등에 대해 남북군사공동위원회를 가동하여 협의해 나가기로 하였다"라고 명시되어있다. 즉 전작권 전환에 따른 전력증강을 마음대로 할 수 없도록 되어 있다. 그렇다고 북한에게 일일이 물어보고 전력증강을 할 수도 없는 노릇이다. 결국 전작권 전환과 군비통제를 위한 9.19 남북군사합의는 사실상 양립이 불가한 마치 상반된 방향으로 뛰는 두 마리의 토끼와 같은 것이다.

다섯째, 군사적으로 감수할 수 있는 위험(군사적으로는 '감수할 위험'으로 표현)으로 관리가 되었는지를 따져봐야 한다. 이는 모든 군사작전에 반드시 포함시켜야 하는 필수적인 요소이다.

군비통제와 관련한 9.19 군사합의의 주요 내용을 보면 서해 완충구역을 설정하고 MDL$^{\text{Military Demarcation Line}}$을 중심으로 동부와 서부로 구분하여 비행금지구역을 설정하며 GP(감시초소)일부를 남북이 각각 철수하도록 되어 있다.

북한과는 달리 방어중심의 억제전략을 취하고 있는 우리 입장에서는 기습 방지와 예상되는 각종 상황 등 고려해야 할 점들이 많다. 따라서 군사적으로 감수 가능한 것인가를 판단해야 하며 그 결과 감수가 가능하다면 ① 감수하고자 하는 위험이 무엇이며 ② 어떤 상황하에서 어느 수준까지 위험을 감수할 것인가? ③ 만약 위험 관리에 실패 했을 때는 만회할 수 있으며 ④ 어떻게 만회할 것인가? 등의 요소를 고려하여 대책이 마련되어야 한다.

만약 이것이 준비되었다면 9.19 남북군사합의에 대한 비난이 비등하던 당시 이를 근거로 설명했어야 하며 그렇게 했다면 비난도 진화하고 오히려 신뢰를 받는 계기가 될 수도 있었을 것이다. 지금도 이것이 준비되어 있지 않다면 서둘러 준비해야 한다.

군비통제는 군사전략과는 또 다른 측면에서 군사전략 목표를 달성하려는 국가 안보의 일환으로써 전쟁을 통하지 않고 적의 군사능력과 의도를 약화시키고자 하는 것으로 국방정책의 중요한 요소이기도 하다. 따라서 군비통제를 악惡으로 볼 필요도 없고 두려워할 필요도 없다. 그러나 앞서 언급한 일반 원칙들은 모두 상식이다. 따라서 이런 것들이 존중되어야 했지만 그렇지 못했기에 상식 이하의 '합의(군비통제)'였다는 비난을 받고 있는 것이다.

적이었지만 마오쩌둥毛澤東의 '16자 전법戰法'에 이런 말이 나온다.

"적이 진공하면 물러나고,

적이 정지하면 교란하고,
적이 피곤하면 공격하고,
적이 물러나면 추격한다"

이 전법은 군대에서 나의 방식대로 싸운다는 전략적 의미도 있지만 일반적인 상식이다. 결국 상식을 존중했기에 아시아 최강이었던 일본 군대와 싸워 이겼고 미국의 적극적인 지원을 받았던 막강한 장제스蔣介石 군대와도 싸워서 이길 수 있었지 않았나 추론해 본다.

잘 알지 못하면
'모른다'라고 해야!

해수부 공무원 피살 사건 후 안보실장이 북한에서 보내온 통지문을 그대로 읽어준 일도 있지만,[1] 탈북자들의 제보나 증언 등을 정부 관료나 책임 있는 위치에 있는 사람들 마저 액면 그대로 사실처럼 받아들이고 있는 경우가 많다. 자칫하면 정부의 정책 수립에도 영향을 미칠 수 있을까 우려된다.

군사적으로 정보는 적과 기상·지형 등 작전환경과 관련된 다양한 형태에 내포되어 있는 일반적인 지식으로 작전 환경을 이해하고 전장을 손금처럼 상세히 볼 수 있게 하며 적의 의도와 행동을 예측하게 해주는 역할을 한다. 따라서 정보가 없으면 눈眼이 없는

---

1 서훈 안보실장 청와대 출입 기자 브리핑(2020.9.25).

상태에서 전투를 하는 것과 같다.

신뢰성 있는 정보는 그냥 얻어지는 것이 아니라 수집된 첩보, 즉 사진이나 관측한 결과나 풍문, 제보, 자료 등 보고 들은 것들을 기록·평가·해석 등의 정보 전환 단계를 거쳐 생산하는 것으로 이 과정을 거쳐야 비로소 정확성과 신뢰성을 인정받을 수 있게 된다.

특히 유념할 점은 수집된 자료 중에는 적들이 아군을 혼란시킬 목적으로 일부러 노출시킨 것들도 있기 때문에 반드시 정보로의 생산 과정을 거쳐야 한다. 또한 일정 단계를 거쳐 생산된 정보일지라도 북한에 대한 정보는 적대관계이며 폐쇄사회에서 나온 자료나 첩보를 근거로 생산된 것이기에 정보의 질과 정확성에 많은 가정이 따를 수밖에 없다. 따라서 활용에 있어서도 신중을 기해야 한다. 그렇기 때문에 북한에서 보내온 통지문, 탈북자들의 제보 등을 그대로 믿고 활용하는 것은 매우 적절치 않다.

군에서는 '정보 작전(情報作戰, Information Operation)'을 강조한다. 이는 적보다 '정보 우위를 달성하기 위해 전·평시 가용 수단을 모두 동원하여 우리 측의 정보와 정보 체계를 방어하고 상대의 정보 및 정보 체계에 공격을 가하거나 영향을 주는 작전'이다.[2]

적의 정보 수집 활동을 방해하거나 틀린 정보를 주는 것도 여기

---

2 합참, 《합동연합군사용어사전》, 2010, 334쪽.

에 포함된다.

따라서 북한 통지문과 탈북자들의 제보 등을 그대로 믿고 활용하는 것을 여기에 적용한다면 정보 전환 단계를 거치지 않았기에 '역逆정보 작전'이 되는 것으로 결국 아군이 적의 입장에서 아군의 정보와 정보체계에 공격을 가하는 것이며 아군이 아군을 속이는 것이 될 수도 있다. 따라서 적이 보내온 통지문이나 제보 등을 정보전환 과정 없이 국가정책 수준에서 그대로 활용한다면 심각한 문제를 야기할 수도 있다.

현재 북한과 관련된 수많은 이야기들이 넘쳐나고 있다.

북핵·미사일, 정치, 경제, 주민생활 등에 이르기까지 주제도 다양하다.

고위 국방책임자였던 사람마저도 이복 형 김정남과 고모부 장성택을 잔인하게 살해한 김정은을 가리켜 "김정은 국방위원장이 자유민주주의 사상에 접근한 상태이다"[3]라고 공식 석상에서까지 거리낌 없이 말하고 있을 정도이다. 모두가 북한 전문가가 되어 북한을 우호적으로 말하고 있는 것이다.

그러나 평가되지 않은 증거는 아무런 의미가 없으며 평가는 언제나 수집보다 어려운 법이다. 하물며 증거로서 가치도 없는 자료

---

3 송영무, 한국국방연구원 세미나 기조연설(2019. 5. 16).

들을 액면 그대로 사용하는 것은 매우 위험하다. 양산되고 있는 북한 관련 자료에 대한 신중한 접근이 필요하다는 점을 말하고자 한다.

"전쟁 중에 획득하는 정보의 대부분은 모순되고 잘못된 것이거나 상당부분 애매하다. (중략) 요컨는 대부분의 정보는 잘못된 것이다. 인간의 두려움이나 공명심이 거짓말이나 부정확한 말을 하게 만들고 과장하게 만든다"

클라우제비츠의 《전쟁론》에 나오는 유명한 말이다.

정곡을 찌르려면

북핵과 관련하여 미국은 처음에 CVID(Complete, Verifiable, Irreversible, Dismantlement, 완전하고 검증가능하며 불가역적인 핵폐기)를 목표로 제시하였으나 그 후 FFVD(Final, Fully Verified Denuclearization, 최종적이고 완전히 검증된 비핵화)로 변경하여 제시했다.

CVID냐? FFVD냐? 를 두고 말이 많았다. 논리를 위한 논리일 수 있으나 군사적으로 접근해 보았다.

첫째 '비핵화'와 'CVID(FFVD)'의 성격이다.

'비핵화'는 회담이 되었든 아니면 압박이 되었든 가용한 국가의 수단을 활용하여 국가적 차원에서 이루고자 하는 일이자 목표이다. 그렇기 때문에 비핵화는 국가의 전략 목표로 볼 수 있다.

반면 'CVID'나 'FFVD'는 단어가 의미하고 있듯이 협상을 통해 국가 전략 목표인 '비핵화'가 달성되었을 때의 최종 상태(모습)를 제시하고 있다. 마치 군사전략목표가 작전이 완료되었을 때의 모습으로 최종 상태를 제시하고 있는 것과 같은 것이다.

따라서 CVID와 FFVD는 군사전략목표 와 같은 협상전략목표가 되는 셈이다.

둘째, 'CVID'와 'FFVD'의 역할과 차이점이다.

양자의 역할은 협상전략목표로써 비핵화라는 국가 전략 목표를 달성하기 위해 말단의 협상팀(가칭)이 협상을 위한 세부 계획을 수립하는 데 있어 협상전략목표가 포함하고 있는 최종 상태를 통해 지침(가이드라인)을 제공해 준다는 점이다. 즉 국가전략목표와 세부 협상 계획의 중간에서 가교 역할을 해주고 있는 것이다. 따라서 협상 전략 목표인 CVID(FFVD)는 세부 협상 계획 수립에 기여할 수 있도록 지침으로서 구체적이며 명료해야 한다.

이런 점에서 양자를 비교해 볼 때 CVID보다 FFVD가 비교적 간명하고 가시적이며 분명한 방향성과 융통성을 갖고 있고 덜^{Less} 추상적이라고 볼 수 있다. 즉 FFVD가 지침으로써 보다 충실하다는 것이 차이점이다.

다음은 이 챕터의 핵심으로 협상전략 목표가 CVID에서 FFVD

로 변경된 이유와 배경이다. 앞서 설명한 바와 같이 CVID가 협상전략 목표로써 다소 '뜬구름 잡는 것'이라면 FFVD는 최종 결과를 보다 뚜렷하게 가시화 시켜주고 있다. 이것이 CVID에서 FFVD로 변경된 이유가 된 것으로 추정된다. 협상전략목표(군사전략목표-CVID·FFVD)는 지침으로서 매우 중요하다. 그러나 전쟁사를 보면 부적절한 군사전략목표(협상전략목표)로 인해 실패한 사례를 쉽게 찾아볼 수 있다. 2차 세계대전 당시 독일군은 북아프리카에서의 전장 확대와 스탈린그라드 전투처럼 군사능력을 초과하는 과도한 전략목표를 선정했다. 월남전에서 미국은 북 베트남에 대한 직접 공격을 하지 않는 등 불분명한 전략목표를 갖고 있었기에 전술적으로는 승리하고도 전략적으로는 패배하였다. 2013년 이라크전에서도 현지 주민들의 반미 감정과 종교가 전략목표에 제대로 반영되지 않았기 때문에 기대했던 성과를 거두지 못하는 오류를 범했다. 이러한 경험을 갖고 있는 미국 입장에서는 협상전략목표로서 CVID와 FFVD를 놓고 수없이 고민했을 것으로 보여진다. "어느 것이 더욱 협상전략 목표로써 명확하고 간결한 것인가?", "어느 것이 비핵화라는 국가전략 목표 달성에 충실한 것이고 협상을 위한 세부계획 수립에 확실한 지침이 되는 것인가?"라는 것이 기준이 되어 FFVD를 선택했을 것으로 그 배경을 조심스럽게 추론해본다.

활이 과녁의 정곡을 찌르려면 궁수는 과녁을 분명하게 보아야 하고 화살이 날아갈 때의 풍향과 풍속, 습도까지를 고려해야 한다. 전쟁하는 나라로서 '전략 목표 선정의 신중함'을 보여 준 것이라 여겨진다.

손자^{孫子}의 메시지

북한은 지난 2021년 8차 전당대회에서 조선 노동당 규약을 개정하였다. 이중 당의 당면목적을 개정한 것과 관련하여 대한민국의 해당 부서 책임자였던 인사까지도 '북한의 대남적화(혁명)전략이 사라진 것'[1]이라고 주장하는 등 많은 논란이 있었다.

먼저 개정된 내용의 실체를 정확히 이해하기 위해서는 북한의 남한에 대한 시각을 살펴볼 필요가 있다. 이는 노동당 규약의 통일전선 분야와 노동당의 당면목적을 보면 알 수 있다. 먼저 통일

---

[1] 이종석 전) 통일부 장관은 2021년 6월 20일 온라인 화상회의 플랫폼을 통해 "당의 당면목적에서 '민족해방 인민민주주의 혁명과업'이 삭제된 것은 '대남 혁명(적화)전략'이 사라진 것"이라며 "북한의 대남 적화전략에 대한 논쟁에 종지부를 찍게 되었다."라고 주장했다.(정광석,《월간조선뉴스룸》, 2021. 8)

전선 분야에서 북한은 "남조선에서 미제의 침략 무력을 철거시키고 남조선에 대한 미국의 정치·군사적 지배를 종국적으로 청산하며…"라는 표현에서 알 수 있듯이 미국과 남한과의 관계를 제국주의적 주종관계로 보고 있다.

당면목적에서는 "전국적 범위에서 자주적이며 민주적 발전을 실현하는 데 있으며…"라고 북한 노동당이 남한에서 달성해야 할 과업으로 '자주와 민주발전'을 제시하였다. 여기서 '자주'란 앞의 통일 분야에서 언급한 바와 같이 미국과의 '제국주의적 주종관계를 청산'하는 것을 말하며 '민주발전'이란 미국의 식민지인 남한에서는 북한을 지지하고 옹호하는 세력(북한 표현 : 민주역량)이 소외받는 민주화가 덜Less 된 반공 사회이기 때문에 애국적 민주역량이 주도하는 사회로 완전히 바꾸자는 것이다.

이처럼 북한은 남한을 미국의 식민지이자 반공(반민주) 사회로 바라보는 왜곡된 시각을 갖고 있다.[2] 사실 이러한 시각은 1960년대 이후 지금까지 변함없이 이어져 오고 있다.

다음은 북한의 대남적화(혁명) 전략이다.

북한의 대남적화전략은 앞서 언급한 대로 남한이 ① 미국의 식

---

2 박성규 · 길병옥《현대북한의 이해》, 충남대 출판문화원, 2013, 145쪽.

민지이며 ② 반공(반민주) 사회라는 왜곡된 시각에서 출발한다. 이는 북한의 대남적화전략 실행에 심각한 장애물이다.

그리하여 등장한 것이 '先(남조선) 혁명, 後(조국) 통일' 전략이다.[3] 여기서 '先 혁명'은 남한의 현재 ①② 상태를 타도하여 남한을 장악하는 것을 말하며 '後 통일'은 '先 혁명'이 완료된 남한과 북한이 공산사회로 하나가 되는 것을 의미하는 것이다. 즉 노동당 규약에서 언급하던 '당면목적'이 '先 혁명'이 되고 '최종목적'이 '後 통일'이 되는 것이다. 이를 군사적으로 말했을 때 '先 혁명과 당면목적'은 여건 조성을 위한 '여건조성 작전 Shaping Operations'이고 '後 통일과 최종목적'은 임무를 종결시키는 '결정적 작전 Decisive Operations'이다.

이러한 사실에도 불구하고 일부 무지하고 낭만적인 친북 세력은 당면목적이 "민족해방 인민민주주의 혁명"에서 '전국적 범위에서 ① 사회의 자주적이며 ② 민주적인 발전실현'으로 개정된 것을 지적하며 북한이 대남적화 전략을 포기한 것'이라고 까지 속단한다. 그러나 앞서 언급한 북한의 남한에 대한 왜곡된 시각과 이에 따른 대남적화 전략을 고려해볼 때 개정된 당면목적(①, ②)은 표현만 달라졌을 뿐이지 의미는 전혀 달라진 것이 없다. (① 자주

---

3 같은 책, 146쪽.

적 = 민족해방, ② 민주적 발전 실현 = 인민민주주의 혁명) 일종의 전형적인 '용어혼란전술'인 것이다.

뿐더러 개정된 노동당 규약은 최종목적으로 '공산주의 사회건설'을 노골적으로 내세우고 있으며 '마르크스-레닌주의'를 혁명원칙으로 준수할 것과 '자본주의 사상 반대·배척'을 천명하고 있다. 이는 문서화 된 적대정책이다.

이점을 보더라도 70여 년 전에 시도했던 북한의 대남적화 전략은 폐기한 것이 아니라 지금도 변함없이 유지하고 있다. 다만, 체계적인 은폐를 시도하고 있을 뿐이다.

손자孫子는 병서兵書에서 이러한 상황을 일찍이 '기정전략奇正戰略'이라는 용어를 사용하여 설명하고 있다.

"적北韓의 전략은 정正이라는 '노골적인' 주장을 하기도 하고, 상황의 변화에 따라 기奇라는 변칙을 쓰기도 한다."

과연 이 시점에서 우리의 전략은?

'소망적 사고 Wishful Thinking'에 기초한 가정들

    군에서 작전 계획을 수립할 때 필수적인 요소 중 하나가 가정을 설정하는 것이다. 햇볕정책을 수립할 때도 가정이 사용되었다는 사실을 알게 되었다. 가정을 군사교리 측면에서 접근해 보았다.

    군에서는 가정을 "현 상황 및 미래 상황에 대한 추측으로써 명확한 증거 없이 사실로 가정하는 것을 말한다"라고 정의한다.[1] 이는 계획 수립을 위해 꼭 필요하지만 확인된 사실이 없거나 부족할 때 이를 대신하기 위한 것으로 필수적인 요소이다.

    햇볕정책의 가정은 세 가지로 제시되었다.[2]

---

1   육본, 작전술(13-3-2, 2013. 4. 30).
2   이영작, 한양대 석좌교수(JTBC, 2016. 10).

첫째, 북한은 먹을 것이 없다. 먹고살게는 해줘야 한다.
둘째, 북한의 핵무기 개발 주장은 미국과의 대화용이다. 북한은 핵무기를 만들 능력이 없다.
셋째, 중국도 북한의 핵 보유를 절대 반대할 것이다.

군에서 검토하는 방식으로 체크해 보았다.
먼저, 가정의 설정이다. 가정을 어떻게 설정하느냐에 따라 계획의 방향이 완전히 달라진다.
가정이 많으면 많을수록 계획의 융통성은 제한을 받는다. 따라서 ① 필수적·논리적·현실적인 것으로 최소화하고 ② 적뿐만 아니라 아군과 관련된 사항도 포함해야 하며 ③ 특히 적과 관련해서는 적이 잠재적 능력까지도 가장 효율적인 방법으로 운용할 것을 전제로 설정하도록 되어 있다. 즉 적의 능력을 아군에게 유리하게 일방적으로 제한하지 않도록 되어 있다.
이러한 관점에서 볼 때 햇볕정책의 가정은 ① 외견상으로는 매우 현실적인 것으로 최소화하여 설정한 것처럼 보이나 핵능력, 대남전략, 북한 수뇌부의 의도와 미국을 비롯한 주변국들의 전략 등 필수적인 요소들이 대부분 누락되어 있고 ② 특히 정책 수립에 유리하도록 핵개발 의도와 능력이 없는 것으로 한 쪽 눈은 감은 채 편의적으로 선정되어 있음을 알 수 있다.
전반적으로 가정으로서의 객관적 조건을 충족시키지 못하고 있는 것이다.

다음은 가정에 대한 후속 조치이다. 군에서는 설정된 가정을 고정불변 요소로 취급하지 않는다. 가정은 어디까지나 가정이기에 ① 모든 수단을 동원하여 사실 여부를 지속적으로 확인하고 ② 그 결과 거짓으로 판명될 경우에는 계획을 수정하거나 전면 재수립하며 ③ 이러한 일련의 조치들은 시행되기 이전에 보완·완료 하도록 되어 있다.

그러나 북한이 6차에 걸쳐 핵실험을 했다는 점 그리고 중국이 매번 북한의 핵실험을 묵인해 왔다는 사실은 햇볕정책의 가정과 후속 조치 등 가정에 대한 전반적인 접근이 완전히 빗나갔음을 보여주는 것이다.

이솝우화까지 동원되어 선의로 시작한 '화해·협력'의 햇볕정책은 대결 지향적인 냉전구도의 남북 관계를 크게 전환시킬 것으로 기대를 모으기도 했으나 천안함 폭침과 연평도 포격전이 보여준 바와 같이 성과를 거두지 못했다. 햇볕정책의 실패를 군사적으로 말한다면 '어설픈 가정'으로 단꿈을 꾸다 만 것이다. 적과의 대결이든 대화든 가정의 설정은 매우 중요하다.

가정을 설정함에 있어서 가장 중요한 것은 가정에 대한 유효성을 지속적으로 검토하여 이를 검증, 보완하는 후속 조치이다. 이 과정을 거치게 되면 설령 잘못된 가정이라도 계속 수정, 보완, 추가 될 수 있기 때문이다. 만약 이러한 기본 원칙들이 지켜졌다면 햇볕정책은 2.0, 3.0으로 진화되었으리라 상상해 본다.

사이버 위협

우리가 정보통신 분야에서 세계 최고 수준임은 누구나 아는 사실이다. 동시에 우리를 적으로 보는 북한의 사이버 해킹 수준도 가히 세계적 수준이다.

그들은 지난 1980년대 초부터 소위 사이버 전사들을 해마다 1,500여 명씩 양성하여 현재는 50,000여 명을 보유하고 있는 것으로 짐작된다.

북한은 2015년부터 2018년까지 세계 17개 금융기관과 가상화폐 거래소를 35차례(그중 한국거래소를 10차례)에 걸쳐 최대 20억 달러(2조 3,000억 원)를 탈취했다는 언론 보도도 있다.[1] 최근에는 전 세

---

1 박은경, "1%의 비밀 … '세계 최강' 북한의 해커들은 어떻게 양성되나"(북한 TMI, 2021. 7. 25).

계 가상화폐 거래소와 백신 제조사에 대한 해킹 공격을 감행하고 있다는 유엔 보고서가 나온 바도 있다.[2]

뿐만 아니라 우리 방산기술에 대한 해킹 시도 역시 무려 120여만 건에 달하고 한국형 전투기 KF-21 설계도면과 한국형 발사체 누리호의 주요 정보까지 유출되었다는 정황도 있다.[3] 북한 해커의 정확한 공격 방법을 매번 파악하기는 어렵지만 반드시 잡아내야 한다. 왜냐하면 그들은 머지않아 사이버공간에만 머물지 않고 4차 산업혁명기술 분야까지 파고들 것으로 예상되기 때문이다. 그러나 현재 우리는 전 세계 악성코드 감염률은 1위, 유포율 3위에 올라있다.[4] 그 원인 파악과 대책이 시급하다.

그 대책을 살펴 보았다.

먼저, 국가적 차원의 컨트롤 타워 역할을 수행할 수 있는 전문기관이 설치되어야 한다.

고도화되고 있는 사이버 위협을 극복하기 위해서는 대응이 아닌 전략이 필요하며 이는 거버넌스 Governance를 강화시키는 것으로부터 출발해야 한다. 국방부, 국정원, 과기부 등 관련 부서 간 협업

2　SBS, "북한, 백신 제약사 해킹 시도⋯중국, 대북제재 방해"(2021. 10. 5).
3　차연아, "KF-21,원전 해킹에도⋯국내기관, 보안 인력? 백신? 관심없다"(머니투데이, 2021. 10. 7).
4　김인중,《사이버 공간과 사이버 안보》, 글과생각, 2013.

시스템과 민·관·군 협업 체계를 구축하고 사이버 안보 기본법과 필요한 법령은 물론 백신 프로그램 설치 등 사이버 위협에 대한 대내적인 업무와 국제적인 공조까지도 컨트롤할 수 있어야 한다.

둘째, 전문 인력양성과 수준 향상을 위한 노력이 필요하다.
우리 군의 사이버전 병력은 북한군의 1/7 수준에 불과하고 사이버 작전 능력 또한 세계 정상급을 유지하고 있는 북한에 비해 열세로 보인다. 인재 양성과 우수인력 획득을 위한 관련 법규 등 제반 환경을 개선하고 국가 사이버 안보교육원과 연구기관 등을 설립하여 체계적인 교육을 실시해야 한다.

셋째, 국제적 공조와 협력체계를 구축해야 한다.
초국가적인 사이버 위협은 어느 한 국가의 대응으로 가능한 것이 아니다. 그럼에도 우리는 보안 기술뿐만 아니라 효율적인 대응을 위한 구체적인 협력도 부족한 상황이다. 따라서 동맹 및 우방국과 정보교환은 물론 축적된 경험과 노하우를 공유하여 공동 대응하여 상호 사이버 안보 협력 체계를 강화해야 한다.

사이버 분야의 불특정 위협은 점차 증가할 것으로 예상되며, 피해 또한 예측이 안 된다. 더 늦기 전에 정부 차원의 적극적인 대비 전략이 강구되어야 한다.

정명실현正名實現

"국방은 보수가 되어야 한다!"

한 정치인이 군부대를 방문하여 한 말이다. 그럴듯하게 들리는 말이다. 그러나 이 말의 배경이 짐작은 되지만 한 나라의 국방을 담당하는 군대와 군인에게 보수나 진보라는 수식어를 붙일 필요가 과연 있겠는가 하는 점이다.

군에 대한 본질을 이해하면 군에 대한 불필요한 수식어는 필요 없다. 여기서 공자孔子의 정명사상正名思想을 언급하지 않을 수 없다. 공자는 "군주는 군주다워야 하고君君 자식은 자식다워야 한다子子"라고 하였다. 그러면 군인은?

아마 공자는 이렇게 답을 하였을 것이다.

"군인은 군인다워야 하지!"

먼저, 군대와 상명하복의 Top-down 관계이다.

군은 55만 대군의 복수復數로 구성된 단수單數이다. 즉 '하나(한 덩어리)'인 것이다. 그러나 55만이 하나로 표현되는 것은 군이 무엇을 다수결로 결정하는 존재가 아니라 결정된 것을 집행하는 수단적 존재로서 하나가 되었을 때 비로소 능력을 발휘할 수 있기 때문이다.

따라서 다양성을 있는 그대로 존중해 주는 사회와는 달리 군은 그 다양성이 하나로 뭉쳐진 단수가 되도록 해야 한다. 단수는 단결이라는 강한 결속력에서 나오는 것이고 강한 결속력은 일사불란한 상명하복의 강력한 지휘체계에서 나오는 법이다.

혹자는 미래사회에 주인공이 될 젊은이들에게는 몰沒개성적 속성인 상명하복의 지휘체계가 맞지 않는다고 한다. 그러나 이 대목에서 한 가지 지적할 점은 민의民意를 받들어 선출되는 정치인은 상향식上向式 프로세스에 익숙한 의사결정 과정을 추구하지만 상관의 명령을 받드는 군인은 하향식下向式 명령 완수 과정을 추구한다는 점이다. 따라서 정치인을 민의를 빙자한다고 해서도 안되겠지만 군인들을 '무뇌아無腦兒'처럼, 기계처럼 행동한다고 말한다면 군대의 존재 이유와 속성을 몰라도 너무 모르고 하는 말이다.

군은 9명의 분대이건 30명의 소대이건 2만 명의 사단이건 단수單數이고 한 덩어리 이어야 한다.

또 한 가지 말하고자 하는 점은 직업군인은 '자존감으로 사는 사람들'이라는 것이다. 그들은 늘 가슴속에 국가와 국민을 거대한 섬김의 대상으로 생각하며 살아간다. 그들이 노부모와 처자식을 뒤로하고 자기 목숨까지 기꺼이 바치게 되는 것은 그들의 사명이 가장 성스럽고 가치 있는 일이며 자신들만이 그 일을 할 수 있다는 자존감 때문이다. 이처럼 그들에게 있어 자존감은 생명과도 같은 것이다.

자존감이 생명인 군인, 집중력과 긴장감으로 적을 바라보고 강력한 전투준비 태세를 유지해야 하는 우리 직업군인들을 그릇된 인식으로 힐난, 조롱, 폄하를 하는 것에 실망을 금할 수 없다. 뿐만 아니라 군대의 극소수 일탈행위까지도 침소봉대針小棒大하여 군 전체의 문제로 비하시키는 등 군사軍事가 외부의 특정 조직에 의해 주도되고 있는 현실 또한 걱정이 된다.

이러한 분위기에서 과연 강군强軍의 모습을 기대할 수 있을까? 외부의 바람과 지적 중에는 우리 군이 시정하고 고쳐야 할 점이 분명히 있다.

그러나 그 모든 외부의 지적과 바람을 무분별하게 모두 다 받아들인다면 우리 군은 애국심도 충성심도 군대다움도 없는 '물 군대'가 되고 말 것이다. 군대가 존재하는 이유에 충실한 것으로 취사선택取捨選擇해야 한다.

파웰 장군은 그의 자서전에서 한국군에 대해 "미군과는 다른 세계 최고의 군인들, 지칠 줄 모르고 군기가 엄하며 우수한 군인들"이라고 평가한 바가 있다.

바로 그러한 우리 군이 앞 세대 보다 상대적으로 유복한 환경에서 성장한 결과 작은 지적에도 쉽게 마음의 상처를 받는 'Soft'한 군인들이 되었다. 국방백서마저도 '군복 입은 민주시민'을 강조하고 있다. 그래서인지 '피터팬'과 같다는 말이 나올 정도이다

나는 이 글을 쓰면서 요즈음 흔히 하는 말로 '내가 꼰대인가?'를 자문해 보았다. 그럴지도 모른다. 오늘날의 신세대를 MZ세대로 부른다. 이들 다음에는 알파 세대가 온다고 한다. MZ도 알파도 모두 그 후 세대에게는 꼰대로 불릴 것이다. 세대차는 영원히 계속되겠지만 어느 시대나 젊은이들이 모인 군대는 존재 이유에 충실하고 조직은 단단해야 한다. 그동안 우리의 군대를 물렁하게 만든 사고의 허물을 벗어야 한다. 쉽지는 않겠지만 포기해서는 안 된다. 그 모든 것이 Soft화 되어도 군대에는 'Hard'한 군기와 Soft한 전략이 같이 존재해야 한다. 니체 F. W. Nietzsche 는 "허물을 벗지 못하는 뱀은 죽는다. 관점을 바꾸지 못하는 마음도 마찬가지다"라고 했다.

군대는 속성상 철저한 '계급사회'이다. 그런 만큼 군대는 통수권자와 수뇌부가 만들어내는 'Softness'와 군인들의 군기인 'Hardness'가 잘 어우러질 때 그 군대는 이름값을 하게 되는 것이다.

더 이상 머뭇거릴 시간이 없다.

여기에는 병사들의 부모(어머니)를 비롯한 모두가 동참해야 한다. 2차 세계대전과 6.25전쟁에 참전했던 페렌바크^{T. R. Febrenbach}[1]는 그의 저서 《이런 전쟁》에서 "군인의 역할은 싸우는 것이며 운명은 고통스럽고 필요하다면 죽는 것"이라고 했다.

즉 군인은 극한 상황에 처할 수도, 또 죽을 수도 있다는 것을 깨닫고 그 순간에 대비해야 한다는 것이다. 그런 만큼 군인은 엄정하고 규격적인 삶이 제2의 천성이 되어야 한다. 군 부모를 포함한 국민 모두가 이 점을 잘 알고 있어야 한다.

자존감을 생명처럼 여기는 대한민국의 군을 믿고 '군대다운 군대' 육성에 동참해야 한다. '강군'이 되었든 '유치원 군대'가 되었든 '당나라 군대'가 되었든 결과는 모두 국민에게 돌아간다.

오늘날 우리의 군대가 허약한 모습을 보인다면 6.25전쟁 중에 전사한 무명용사들은 "제가 왜 죽어야 했지요?"라고 물을 것이다.

---

[1] 텍사스 출신의 역사 저술가이자 칼럼니스트이다. 제2차 세계대전 때에는 공병부대 부사관으로 참전하여 중위로 전역했다. 한국 전쟁이 일어나자 72전차대대 소대장으로 참전하였다. (T.R페렌바크, 《이런 전쟁》, 플래닛 미디어, 2019).

피와 포도주

그 옛날, 서얼차대 庶孼差待가 심하던 시절 서자 庶子였던
홍길동은 자신의 아버지를 '아버지'라고 부르지 못했다.
오늘날에도 여기저기에서 홍길동을 볼 수 있다.
적 敵을 적이라 부르지 못하고 주적 主敵이 누구냐?라는 질문에
답을 얼버무리는 사람, 동맹국을 점령군이라 칭해도
입을 닫는 유구무언 有口無言을 한 자들,
그리고 말을 해야 할 때 무언의 동조를 한 모든 이들은
훗날 역사는 그들에게 유구무언의 죄 罪와
침묵에 동조한 과 過를 물을 것이다.

제 4 장

유구무언의 죄(罪)

적敵과 주적主敵

제2차 세계대전 후 미·소를 중심으로 한 자본주의와 공산주의 간에 이루어졌던 냉전체제는 1990년 소련 해체와 사회주의권이 몰락하면서 사실상 종결되었다. 그러나 냉정한 시각에서 바라보면 한반도는 이데올로기Ideologie는 물론 국토까지 분단된 상태에서 3대 세습과 주체사상으로 특징 지워지는 변종 공산주의와 대치하고 있는 상황이다. 냉전과 색깔론이 명백하게 현존하는 것이다. 이런 배경 하에서 나오는 말이 적敵과 주적主敵의 개념이다.

"우리의 주적은 누구인가?"라는 말이 일반인들에게도 심심치 않게 회자膾炙되고 있다. 뜻이 어렵거나 현 상황이 애매모호한 것도 아닌데 이런 질문을 주고받는 현실이 안타깝기만 하다.

먼저 적敵의 개념이 무엇인지 보자.

사전에서는 적을 '나와 싸우거나 해害치고자 하는 상대'로 정의하고 있다. 그렇다면 과연 우리의 적은 누가 되는 것인지? 구태여 언급할 필요가 없다. 지금은 북한군을 적이라는 표현 대신 대상과 목표가 모호한 '위협威脅'이라는 단어로 바꿔 사용한다. 그렇다고 적이 사라지고 적대정책이 바뀌는 것도 아닌데 표현을 달리하고 있는 것이다.

그러면 주적主敵은 무엇인가?

국방백서(2020. 12)를 보면 '전방위 안보위협에 대비한 튼튼한 국방태세 확립'을 국방정책 6대 기조의 첫 번째로 꼽고 있다.

여기서 '전방위 안보위협'이란 북한은 물론 잠재적인 위협까지도 망라한 것으로 위협(적, 敵)이 넓고 많아졌음을 의미한다. 따라서 북한군만을 적 또는 위협이라고 할 때에는 북한군이 적이자 주적이기 때문에 구태여 적과 주적을 구분할 필요가 없었다.

그러나 지금은 과거와는 달리 '전방위 안보위협'을 상정했기 때문에 주적의 식별이 반드시 필요해졌다. 사전을 보면 주적主敵을 '여러 적중 주主가 되는 적敵, 우리와 맞서고 있는 적'으로 정의하고 있다. 그런 관점에서 본다면 주적은 누구인가? 이 또한 재론再論의 여지가 없다.

그럼에도 불구하고 '북한군'이라고 답하면 싸움으로 연결되거나 시대에 뒤처진 사람, 보수꼴통으로 취급받는 것이 현실이다.

적과 주적의 사전적 의미는 바뀔 수 없다. 우리의 마주한 현실을 고려하더라도 북한군이 우리의 적이자 주적이라는 사실 또한 바뀔 수 없다. 뿐더러 북한 노동당 규약의 당면 목적과 최종 목적을 보아도 잘 알 수 있다.

한반도 전쟁 이후 70여 년간 휴전상태가 계속되고 있지만 군에서 적이나 주적을 모호하고 흐리게 언급하면 안 된다. 왜냐하면 군인의 총구 방향을 흩트려 놓기 때문이다.

병명이 다르면
약도 달라진다

감기에 걸리면 감기약, 폐렴이면 항생제, 소화불량이면 소화제를 먹어야 한다. 중요한 것은 병명에 따라 약이 처방되듯 적의 도발에 대한 군사력 사용도 사용하는 용어에 따라 그 대응Counter-action이 달라지게 된다.

북한의 천안함 폭침, 연평도 포격전, 남북 공동 연락사무소 폭파, 미사일 발사 같은 남한에 대한 군사력 사용과 관련하여 도발, 무력시위, 적대행위 같은 여러 가지 용어가 사용되고 있다. 문제는 동일한 행위에 대해 출처에 따라 다른 용어를 사용하는가 하면 관련 부서마저도 행위에 부합되지 않은 용어를 빈번하게 사용한다. 그러나 행위에 부합된 용어를 올바르게 사용할 때만이 올바른 대응을 할 수 있다.

먼저 도발^{Provocation}이다.

군사적으로 도발이란 "적이 특정한 임무를 수행하기 위해 우리 국민과 재산, 영역에 가하는 일체의 위해행위^{危害行爲}"라고 정의하고 있다.[1]

위해란 '위험과 재해'를 말하는 것으로, 위험은 "해로움이나 손실이 생길 우려가 있거나 그런 상태"를 말하며 재해는 "재앙(지진·태풍·홍수·전염병)으로 받게 되는 피해"를 일컫는 말이다.

따라서 도발이란 "적이 특정한 임무수행을 하기 위해 우리 국민과 재산, 영역에 가하는 일체의 해로움과 손실, 피해가 생길 우려가 있거나 발생한 상태"라고 정의할 수 있다.

그렇기 때문에 강도 높은 공격 행위가 되었든 무력시위가 되었든 포괄적 의미에서는 모두 도발로 표현할 수 있다. 따라서 북한이 ICBM(대륙간 탄도미사일)이나 SLBM(잠수함발사 탄도미사일)을 발사하는 것도 유엔 결의 위반 여부를 떠나 우리 국민과 재산, 그리고 영역에 해로움이나 손실, 또는 피해가 될 수 있기 때문에 당연히 도발 행위가 되는 것이다.

2021년 10월 우리 국방부장관은 국회에서 "SLBM 발사는 우리 안보를 위협하는 도발행위 아니냐"라는 질문에 "북한의 위협으로 보인다. 도발은 우리 영공, 영토, 영해, 국민에게 피해를 끼치는 것

---

[1] 국방기술진흥연구소,《국방과학기술용어사전》, 2021.

이기 때문에 용어를 구분해서 사용한다"라고 했다. 한마디로 말해 국민들에게 피해가 없으니 도발이 아니라 '위협'이라는 답변이다.

이는 두 가지 측면에서 잘못된 답변이었다.

하나는 '도발'에 대한 이해가 부족하다는 점이다.

즉 피해를 끼치는 것 외에 해로움이나 피해(손실)가 우려되는 것도 도발이 된다는 점을 간과한 것이다.

또 하나는 '위협'에 대한 이해가 잘못되었다는 것이다. 군사적으로 위협은 "침투 및 도발이 예상되는 적의 능력과 기도企圖가 드러난 상태"를 말한다. 그렇기 때문에 ICBM이나 SLBM을 발사한 것은, 이미 (발사)예상 단계를 벗어나 실제 행동에 옮겨진 상태이기에 위협이 아니라 도발이 되는 것이다.

다음은 무력시위 Show of Force 이다.

무력시위란 '군사력을 전개하여 무력을 과시하거나 위협을 가해 심리적으로 위압감을 갖게 하는 것'이라고 정의하고 있다.[2] 심리적 위압감을 갖게 하는 것도 결국은 위해 행위이기 때문에 도발에 포함된다. 그러나 목적과 행위가 단순히 '심리적 위압감'을 조성하기 위한 것이라는 점에서 포괄적 의미의 도발과는 구별된다.

2　합참,《합동연합작전군사용어사전》, 2020, 107쪽.

마지막으로 적대행위$^{\text{Hostile Act}}$이다.

이는 적이 '아군의 영토·국민·재산에 대해 공격^{Attack} 또는 무력 사용$^{\text{Use of Force}}$을 하는 것'이다.³

이처럼 군사력을 사용한 공격 행위 역시 '위해 행위$^{\text{Harmful behavior}}$'로 볼 수 있기에 포괄적인 입장에서 도발이라는 표현도 가능하다.

· 용어의 구분

도발	아군 국민·재산·영역에 해로움·손실·피해가 우려되거나 발생한 상태 (위협·무력시위·적대행위·기타 등)
위협	침투 및 도발이 예상되는 적의 능력과 기도가 드러난 상태
무력시위	무력을 과시하거나 위협을 가해 심리적 위압감을 갖게 하는 행위
적대행위	아군의 국민·재산·영토에 대한 공격 또는 무력 사용

그러나 적대행위는 아군의 국민·영토·재산에 대한 무력 사용이자 구체적이며 직접적인 공격 행위라는 차원에서 포괄적 의미의 일반적인 도발과는 성격이 다르다.

2020년 6월 남북 공동 연락 사무소 폭파가 있었다. 2020년 9월에는 해수부 공무원 피살 사건이 있었다. 이때 대부분 매스컴에서는 전자를 '무력시위' 후자를 '도발'로 표현하였다.

북한에게 자극을 주지 않기 위해서인지 무력시위, 도발 등의 그

---

3 같은 책, 247쪽.

어떤 표현도 없었던 정부측보다는 훨씬 사실에 근접한 표현이었지만 '적대행위'라는 표현은 없었다.

그러나 해수부 공무원 피살 사건은 우리 국민에 대한 무력 사용이자 공격 행위였기에 명백한 적대행위가 된다. 그렇지만 개성의 남북 공동 연락사무소 폭파는 이 건물의 소유권 여부에 따라 도발이 될 수도 있고 적대행위가 될 수도 있다. 소유권이 없는 상태라면, 남북 관계 개선을 위해 우리가 수 백억 원을 투자한 건물이고 성격 또한 공동 연락 사무소였다는 점에서 북한의 일방적인 폭파는 우리의 남북 관계 개선을 위한 노력과 향후 업무에 해로움과 피해를 준 것이기에 도발이 된다. 그러나 소유권이 우리에게도 있었다면 이는 우리 재산에 대한 무력 사용(공격)이었기 때문에 당연히 적대 행위가 되는 것이다.

그동안 북한의 남한에 대한 부적절한 군사행위에 대하여 대부분 도발이라는 단어를 사용해왔다. 그러나 정도에 따라 무력시위, 도발, 적대행위로 구분된다. 따라서 행위에 부합하는 정확한 용어를 사용해야 한다.

이것이 중요한 이유는 진단(용어 선정)과 처방(조치)의 관계이며 자칫하면 상황을 회피하는 모습으로 비칠 수 있기 때문이다. 만약 적대행위를 무력시위로 잘못 표현할 경우 중범죄를 경범죄로 낮춰 주는 꼴이 되고 적의 입장에서는 결과적으로 면죄부를 받게 되어 반복 도발의 유혹을 느끼게 될 것이다. 도둑이 물건을 훔쳐 갔다면 그에 대한 책임을 물어야지 "위치 이동을 시키느라 힘들었겠다. 다친 곳은 없었느냐?"라고 묻는다면 도둑에게 도둑질을 또 하도록 유혹을 느끼게 하는 것과 다름이 없다.

'강하게 행동하는 것.
꾸물거리지 않는 것.
모두를 기쁘게 말하지 않는 것'

이것이 군인의 행동 양식이다.
군사적 메시지는 정확하고 짧아야 한다.

꽃도 '꽃'이라고 불러야
꽃이 된다

부대 명칭이 바뀌기 전 ○○○ 기무부대였던 부대 앞을 지나치게 되었다. 정문에 들어가기 30m 측방에 '안보지원센터, 군사 안보의 중심, ○○○ 군사 안보 지원부대'라는 플래카드가 설치되어 있었다. 물론 과거의 '기무사령부'가 '안보지원사령부'로 바뀌었다는 것은 알고 있었지만 의미를 자세히 따져 보지 않았기 때문인지 바뀐 명칭을 보는 순간 화끈거림을 느꼈다.

앞에서도 언급했듯이 국가 안보는 포괄적인 개념으로서 외부 위협은 군사 안보의 영역이며 내부 위협은 정치 안보, 경제 안보, 사회 안보, 환경 안보 등의 영역이다. 이처럼 안보의 개념이 군사 중심에서 광역화되었다.

이는 국가의 생존과 번영을 추구함에 있어 경쟁적 우위를 갖기 위한 것이며 국가 발전을 위해서는 타 분야와의 상호 관련성이 중요하기 때문이다.

먼저, 광역화된 안보 개념을 전제로 '안보지원사령부'라는 부대 명칭을 액면 그대로 해석하면 모든 안보, 즉 군사·정치·경제·사회·환경 안보 등을 망라하여 지원한다는 의미가 된다. 이는 곧 정부 내의 모든 분야를 지원 한다는 뜻으로 결국 정부의 모든 부서가 활동 영역이 된다. 결과적으로 '기무사령부'의 기능과 역할을 제한하고 명칭을 바꾼 논리적 타당성을 스스로 지워버린 꼴이 되었다. 명칭을 라이트^{Light}하게 만들려다 명칭을 모호하게 하다 보니 이 기능 저 기능이 늘어 붙어 결과적으로 기능을 헤비^{Heavy}하게 만든 결과가 된 것이다.

'○○○ 군사 안보지원부대'라는 용어도 마찬가지이다. 군사 안보는 앞서 설명 한대로 외부의 위협에 대처하는 것으로 이는 곧 국방을 말한다. 국방의 수행 주체는 육·해·공군·해병대를 망라한 모든 국군이다. 여기에는 현재의 '군사 안보지원부대'도 당연히 포함된다. 그렇기 때문에 군사 안보를 지원하는 부대가 아니라 타 부대와 마찬가지로 국군의 일원으로 본연의 임무수행을 통해 군사 안보를 수행하는 주체가 된다. 그런 이유로 현재대로 부대명칭을 사용한다면 국군에서 열외 된 소위 별동 상급부대로 오해받을 수 있는 소지가 있다.

  이럴 경우 인사와 군수 및 기타 행정을 지원하는 모든 부대들도 군사 안보인 국방을 '수행'하는 주체가 아니라 군사 안보를 '지원' 하는 '군사 안보 지원부대'가 되는 셈이다. 모두가 제3자의 위치에서 지원만 한다면 누가 주체가 되어 군사 안보, 즉 국방을 수행한다는 것인지….

  마지막으로 '군사 안보의 중심'이라는 용어도 심사숙고할 필요가 있다.

  국가 안보의 중심은 청와대가 되며, 국익을 대변하는 분야별 안보의 중심은 관련 부서(장)가 된다.

  따라서 군사 안보의 중심은 국방부 장관과 국방부가 되며 경제 안보의 중심은 경제부총리와 경제부서가 된다. 결론적으로 '군사 안보의 중심'이라는 표현은 본의 아니게 현 위치를 망각한 것으로 말단의 전술적 수준이 최상위의 전략적 수준을 지배한 것으로 잘못된 표현이다.

  부대 명칭 변경은 계엄문건 등과 관련하여 당시 국방부 장관 주도하에 정치인·변호사 등으로 구성된 '기무사 개혁 TF'에서 기무사법과 기무사령부령 등을 개정하면서 이루어졌다. 따라서 고의는 아니겠지만 결과적으로 잘못된 작명이 되고 말았다.

꽃도 '꽃'이라 불러야 꽃이 된다.

과연 미군은
점령군으로 왔었나?

나름대로 정치적 의견을 주장하던 한 인사가 해방 후 미군 주둔에 대한 자신의 견해를 피력한 적이 있다. 말인즉, 1945년 일본의 항복으로 38선 이남 지역에 미군이 진주하여 남한 단독정부가 수립되기까지 3년 동안의 군정을 두고 "친일세력들이 미 점령군과 합작해 지배체제를 그대로 유지했다", "미군은 지배 영역을 군사적으로 통제한 '점령군'이 맞다"라는 말을 했다.

'군사적으로…' 라는 단어에 주목하여 접근해 보았다.

우선 '점령'이라는 단어이다.

군사적으로 점령이란 "다른 국가나 그 지역을 영구히 점유하거나 통치할 의사가 있을 경우 점령이라 부름"[1]이라고 정의하고 있다. 즉 '영구히 점유 또는 통치'하고자하는 의사유무에 따라 '점령'

이라는 단어의 사용 여부가 결정된다.

한국의 독립과 관련된 1943년 11월 카이로 회담과 1945년 7월 포츠담회담에서 미국을 비롯한 연합국은 한국에 대한 '영구 점유 또는 통치'가 아닌 '적당한 시기 In due time'에 독립시킬 것을 약속 하였다. 또한 일본 패망 후 일본군의 무장해제를 위해 진주한 미 제24군단 72,000명도 한국전쟁 직전까지 모두 철수[2]하고 약 500여 명의 군사고문단만 남은 상태였다.[3] 만약 '영구 점유나 통치'가 목적이었다면 철수할 이유가 없었을 것이며, 한국동란 또한 발생하지 않았을 것이다. 이러한 역사적 사실을 놓고 볼 때 미국의 한국에 대한 '영구 점유나 통치' 의사가 있었다고 볼 수는 없다. 따라서 당시 주한 미군에 대해 '점령'이라는 용어를 사용하는 것은 군사적 입장에서는 적절치 않다.

다음은 '점령군'이라는 표현이다. 군사적으로 점령군이란 "지역 내의 법과 질서를 유지하고 항복 또는 휴전 조항의 이행을 보장하기 위하여 점령한 적 영토 내에서 실질적인 통제를 하는 군대"[4]라고 정의하였다. 즉 누가, 어디서, 무엇을 하느냐가 핵심적인 구성

---

1 이태규, 《군사용어사전》, 일월서각, 2012.
2 박성규·길병옥, 《현대북한의 이해》, 충남대출판문화원, 2013, 60쪽.
3 최정준, 《한국 동북아 논총집현》, 국방부군사편찬연구소, 2021, 43~60쪽.
4 1과 같은 책.

요소로 점령군이란 적대관계에 있는 적국의 군대가 해당 적국에 투입되어 적국의 국민을 통제하는 것을 말한다.

2차 세계대전 당시 미국과 일본은 적대 관계였으며, 한국은 일본의 식민지였다. 따라서 1945년 9월, 미 24군단이 진주하여 1948년 8월 정부 수립 때까지 군정을 실시한 3년이라는 기간을 어떻게 볼 것인가에 따라 미 24군단의 성격은 달라진다.

즉, 이 기간을 해방이 되지 않은 일제의 식민지 연장으로 본다면, 적대국가에 진주하여 통제한 것이기 때문에 '점령군'이 된다. 그러나 일제로부터 해방되어 정부수립을 준비하는 기간으로 본다면, 남한은 미국의 적대국가인 일본의 국민과 일본의 영토가 아니기 때문에 '점령군'이라는 표현은 맞지 않는다.

결론적으로 미소 간의 한반도 분할이 결정된 후 남한에 진주하여 3년 동안 군정을 한 미군에 대해 점령군이라 표현하는 것은 군사적으로 성립요건을 충족시키지 못하고 있다.

중요한 것은 군정이든 아니든 임무 수행을 위해 남한이라는 일정한 곳에 3년 동안 머물렀다는 사실이다. 그렇다면 사전적 의미대로 주둔군駐屯軍이라 하는 것이 군사적으로 적절한 표현이다.

미군을 점령군으로 할 경우에는 우리가 미국의 식민지가 되는 것이기에 우리의 자존심을 스스로 무너뜨리는 것인데 구태여 그렇게 칭하는 이유와 저의가 무엇인지를 많은 사람들은 묻고 싶어 할 것이다.

우리 군에 대한 부정적 오해와 편견은 주로
"한반도 정세를 냉전시대적 대결구도로 보고
군사력을 증강하고 과도한 국방비를 쓰면서도
군사주권도 제대로 챙기지 못한다"라는 것으로 요약될 수 있다.
문제는 이러한 것을 포함한 군에 대한 많은 오해와
편견에 대하여 제대로 대응하지 못하거나 무대응 함으로써
일반 국민들마저 군을 백안시白眼視하는
경향이 있다는 점이다.

오해와 편견에 대한 무대응 혹은 오誤대응은
오해와 편견을 더욱 깊게 만드는 악순환을 낳고 있다.

제 5 장

백안시 白眼視

전전긍긍 戰戰兢兢 vs No Problem!

"북한의 핵은 어차피 사용할 수 없다. 만약 사용한다면 국제적인 비난과 보복을 면치 못할 것이다. 북한도 이를 잘 알고 있다. 크게 의식할 필요 없다."

쉽게 듣는 말이고 그럴듯한 말이다. 그러나 국가 정책 수립에 관여하는 인사로부터 이 말을 들었을 때 나는 내 귀를 의심하지 않을 수 없었다. 왜냐? 나는 국방에 관한 한 'No Problem!'보다 차라리 '전전긍긍' 쪽이기 때문이다.

첫째, 북한의 핵 보유 의미를 먼저 살펴보자.
북한이 핵을 보유했다는 것은 우리에게 생존의 위협을 가하는 것은 물론 남북 관계에서의 주도권의 상실이나 위축을 의미하는 것이다. 북한이 핵보유국으로 공식화된다면 국제적 위상과 인식이 크게 달라질 것이다.

특히 북한은 군사적으로 핵 전쟁과 재래식 전쟁을 연계한 다양한 시나리오를 구상할 수 있는 전략적 융통성을 확보하게 되는 것이며 이는 전시 남한의 전쟁 목표를 위축시키고 미군 증원을 차단하는 역할까지도 할 수 있다.

이처럼 북한의 핵 보유는 그 자체가 심각한 위협이자 도전인 셈이다.

둘째, 현재 북한의 핵무기 수준이다.

과거 일본에 투하된 20KT 이상의 위력을 가진 핵무기 사용은 지구 종말을 가져올 수 있기 때문에 현실적으로 사용이 불가능하지만 폭발 위력이 비교적 작은 전술 핵무기는 전장에서 군사 목표 공격에 충분히 사용될 수 있다.

전술핵은 폭파 위력이 수 KT 이내의 효율성과 경제성이 높은 소형 핵무기로 야포와 단거리 미사일로부터 어뢰, 핵 배낭, 핵 지뢰에 이르기까지 다양하다. 북한은 8차 당대회에서 새로운 전략무기로부터 전술핵 무기에 이르기까지 다양한 핵무기의 증강 계획을 밝혔다. 이는 연구 개발 단계를 벗어나 핵무기의 실전 배치와 운용 단계까지 이르렀다는 것을 짐작할 수 있는 대목이다.

북한이 개발했다고 주장하는 전술 핵무기를 전방지역의 우리 군에 투하한 뒤 전차 등으로 구성된 기계화 부대로 밀고 내려오면 방어 자체가 곤란하다. 북한의 국지적인 전술 핵무기 공격에 미국이 대량 살상용 전략 핵무기로 대응할지에 논란도 있다. 또 미국이 핵우산과 한반도 방어 시스템을 가동하기 위해 고민하는 사이 북한군 전술 핵무기에 우리 군이 먼저 궤멸 당할 소지도 없지 않다.[1] 단지 조용할 뿐이지 북한의 전술핵 향상을 위한 노력은 지금도 변함없이 계속되고 있다.

셋째, 국제적 제재의 실효성 문제이다.

혹자는 북한이 핵을 사용하면 국제적 차원의 제재가 있을 것이라고 강조한다. 그러나 국제적인 약속은 자국 이익에 따라 수시로 변하게 되어있다. 이는 세계 역사가 증명하고 있는 엄연한 사실이다. 예를 들면 핵 확산 금지를 위한 핵 확산금지조약(NPT 1970.3.)이 있지만 핵보유국의 수는 오히려 증가하였고 주요 국가의 핵탄두 역시 증가하고 있다. 중국의 경우 2030년까지 현재 약 250기에서 1000기 이상의 핵탄두를 보유하게 될 것으로 예측하고 있다.[2]

북한은 NPT를 탈퇴하여 핵을 보유한 최초의 국가가 되었다. 수많은 형태의 국제적 약속이 존재했고 지금도 존재하고 있으나 "국

---

[1] 김민석, "북한 핵 도발 기미 보이면 미사일 기지부터 때려야"(중앙, 2021. 12. 2).
[2] 김진명, "중국, 2030년 핵탄두 최소 1000기 보유"(조선, 2021. 11. 4).

제적인 약속은 오로지 파기되기 위해 존재할 뿐"이라는 말이 실감 나는 것이 현실이다. 만약 국제적인 약속·조약 등이 평화를 보장해 준다면 군대조차 존재할 필요가 없을 것이다.

넷째, 북한 정권의 성향이다.
"북한의 핵은 어차피 사용할 수 없다. (중략) 북한도 이를 잘 알고 있다"라는 말속에는 북한도 지극히 정상적으로 상식이 작동하고 존중되는 국가라는 의미가 내포되어 있다.
그러나 휴전 이후 70여 년간 남북 관계에서 보여준 예측 불허의 각종 도발 형태, 그리고 지금까지도 3대에 걸친 세습과 전체주의 국가를 유지하고 있는 것만 보아도 상식이라는 잣대로 평가하는 것은 불가하다. 따라서 핵 사용을 포함한 상식 이하의 허무맹랑한 상황까지도 대비해야 한다.

다섯째, 북핵의 용도에 대한 견해이다.
북한은 자신들의 핵을 국가 목표와 통일 전략을 달성하기 위한 중요한 자산으로 간주하고 있다. 설령 주방용 칼이라도 상황에 따라서는 흉기가 되는 법이다. 어느 쪽으로 보든 북한의 핵은 그 존재 자체로 우리에게는 위협이 될 수밖에 없다.

여섯째, 국방의 본질이다.

국방이란 확률이 단 0.1%일지라도 전쟁이라는 게임에 대비하는 것이며 '최악의 상황을 가정해서라도 대비'하는 것이 그 본질이다.

그렇다면 '최악의 상황'은 무엇인가? 당연히 핵을 사용한 핵전쟁이다. 이것이 설령 그들이 핵을 절대로 사용하지 않겠다고 공언할지라도, 그들이 무슨 말을 하더라도 개의치 말고 철저히 검증하고 대비해야 하는 이유가 되는 것이다.

남북한 간에 벌어져가고 있는 경제력 차이는 군사력 격차로 이어질 것이다. 이를 초조하게 여길 수밖에 없는 북한 입장에서는 핵 포기가 더욱 어려울 수도 있을 것이다. 따라서 북한의 핵 사용 불가 논리는 대안 마련이 엄두가 나지 않기 때문에 가정을 앞세워 "몰라! 없겠지! 없을 거야!"라고 책임을 회피하는 강한 부정으로 들린다. 그러나 가정假定은 어디까지나 가정일 뿐이다. 가정에 국가 운명을 맡겨서는 안 된다. 대안 없는 가정은 결코 'No Problem!'이 아니다.

"무릇 걱정하는 마음 없이 적을 대하면 반드시 적군에게 사로잡히게 될 것이다"라고 병서는 일찍이 경고한 바 있다.

지지지지 至知至之
알아야 나아갈 수 있다

"상징적으로 공군만 남겨놓고 지상군은 다 철수해도 된다"
"5,000명 줄여도 대북 억지력에는 변화가 없을 것"
"주한미군은 한미동맹군사력의 Overcapacity가 아닌가?"

매스컴에 자주 등장했던 말들이다. 모두 주한미군 감축과 관련된 주장이다. 그뿐만 아니라 연합훈련, 군사력의 균형, 국방예산과 같은 주제를 의미나 비중에 대해 제대로 모르는 상태에서 너무나도 쉽고 낭만적이며 가볍게 이야기한다. 진위眞僞가 중요한 것이 아니라 국방은 전문성을 전제로 진지하게 말하고 논論해야 한다. 무얼 알아야 면장面長도 제대로 할 것 아닌가?

미국 입장에서 주한미군은 동북아 지역에서 미국의 영향력을 증대시켜 미국의 국익에 기여하는 점도 있지만 동북아의 평화와 번영과 안정에 기여하고 있다는 점 또한 주지의 사실이다.

특히 우리 입장에서 주한미군은 한미동맹의 핵심으로서 평시에는 조기 경보 능력, 초기 대응 능력, 중·장거리 타격 능력 등을 통해 북한에 대한 억제력$^{Deterrent\ Power}$을 제공해 주고 있으며 전시에는 미 본토에서 증원되는 전력과 함께 한미 연합작전을 통해 전쟁 목표에 기여하는 중요한 전력이다. 이런 이유로 주한미군의 존재는 한국의 국방정책, 특히 군사력 건설의 증·감이나 조정은 물론 군사력 사용과 관련한 부대 소요 등에도 중요한 영향을 미친다.

따라서 모든 전력의 증감 및 조정 프로세스와 마찬가지로 주한미군의 증감을 논하기 위해서는 최소한 '적의 위협 분석 → 군사전략$^{How\ to\ Fight}$ → 군사력 증감과 조정'이라는 논리적 과정을 거쳐야 한다.

즉 ① 먼저 적의 위협이 무엇이며 그들이 어디에 주안을 두고 어떻게 할 것인지, 그들의 의도를 분석하고 ② 이를 근거로 어떻게 대비할 것인지 방법(전략, How To Fight)을 구상하며 ③ 마지막으로 그러한 방법을 충족 시키기 위해서는 어떻게 군사력을 증감하거나 조정할 것인가를 판단해야 한다.

이 과정은 매우 논리적이고 체계적이면서도 복잡하다. 워-게임$^{War\ Game}$을 하더라도 전시와 평시로 구분하여 수많은 경우의 수를 찾아 무수히 반복을 해야 한다. 그것도 각 분야별 전문가들로 구성된 팀이 수행해야 한다.

　이러한 논리적이고 합리적인 과정을 거쳐 산출된 근거를 가지고 말을 하고 주장을 해야 한다. 그뿐만 아니라 국방은 방대하고 복잡하며 불확실성의 영역이다. 따라서 깊이 있는 분석과 적절한 정책 대안을 제시하기 위해서는 전문성이 전제되어야 한다. 자신의 짧은 지식과 경험만을 토대로 주관적인 처방을 제시한다면 "장님 코끼리 만지기"가 되기 쉽다. 누구라도 국방에 관한 발언과 접근은 신중해야 되고 사전에 충분한 학습이 필요하다. 아무쪼록 '무지의 희생자'가 되지 않기를 바란다. 주한미군은 장기판의 말처럼 쉽게 옮길 수 있는 존재가 아니다.
　전쟁의 위험이 일시적으로 감소했다 하여 국방을 가볍게, 불편하게, 혹은 흥정의 대상으로 보아서는 안 된다. 국방이란 칼자루를 놓쳐서는 안 된다. 칼자루를 놓치는 경우 칼날을 쥐게 될 수도 있기 때문이다.

　맥아더 장군도 그의 회고록에서 "일치되지 않은 정치적 견해가 군사행동을 지배할 때 일어나는 혼란만큼 심각한 것은 없다"라고 하였다.

전작권 이야기(Ⅰ)

"전시작전통제권(전작권)은 이제 미군에게서 우리에게 가져올 때도 되지 않았습니까?"
"세월도 많이 흘렀고 우리의 국력도 신장되지 않았습니까?"

흔히 듣는 말이다. 그리고 듣기에 따라서는 맞는 말이기도 하다. 하지만 전작권 전환 문제 역시 그 출발과 배경 그리고 경과와 미래를 '감정적'이 아닌 '이성적'으로 접근해야 한다.

전시작전통제권(전작권)은 본래 작전통제권(작통권)이었다. '전시'라는 단어가 붙으면 전시에 국한되는 것이고 없으면 전·평시 모두 작전통제권이 적용된다는 의미이다.

작전통제권이란 지휘관계를 의미하는 말로, 지정된 부대를 대상으로 일정 기간 동안 특정한 임무·과업 등을 부여할 수 있는 위임된 권한을 말한다.

예로써 수해복구 현장에 A·B 2개 대대가 투입되었는데 A대대가 오전에 작업하는 '가' 지역에 작업량이 너무 많아 B대대로부터 1개 중대를 지원받았다면 A대대장은 B대대에서 받은 1개 중대에 대해 작전통제권을 행사하게 된다.

이처럼 작전통제권은 대상(1개 중대)과 기간(오전), 임무('가'지역 작업)가 한정되는 것이 특징이며 군에서는 말단 부대로부터 상급부대에 이르기까지 훈련 시는 물론 임무의 성격과 규모 등에 따라 수시로 '작전 통제'를 주고받는다. 이때 1개 중대를 잠시 지원해주었다 하여 B대대장은 자기의 주권을 침해했다고 생각하지 않는다. 이는 지휘의 단일화를 통해 작전의 효율성을 달성하기 위한 당연한 작전 활동이기 때문이다.

6.25전쟁 시 '작전 지휘'로 출발한 '작전통제권'은 70여 년간의 세월 동안 많은 논란을 거쳐왔다.[1] 먼저 작통권 전환과 관련한 논의이다. 1968년 1월 21일 북한군에 의한 청와대 기습사건이 발생하자 한국에서는 보복과 독자적인 대간(대간첩) 작전을 주장하였지만 이루어지지 않았다. 이에 한국은 작통권 전환을 요청하였다.

---

1 한용섭,《국방정책론》, 박영사, 2014, 291~300쪽.

그러나 향후에 북한군이 침투하여 대간 작전을 하게 되면 그때의 작전 통제는 한국군이 할 뿐만 아니라 추가하여 양국 국방부 장관이 참석하여 한반도 안보에 관한 문제를 협의하는 고위급 정치군사회담(Security Consultative Meeting, 안보협의회)을 매년 하도록 결정하였다.[2] 오늘날 매년 양국을 오가면서 실시되고 있는 SCM이 바로 그때 결정된 것이다.

그 후 1983년 8월, 미얀마 (당시 국호는 버마) 양곤(당시는 랭군)에서 북한군에 의한 테러가 발생하자 한국은 무력 보복을 희망했지만 미국정부는 이를 또다시 저지하였다. 그러자 한국은 '한국방위의 한국화'를 주장하게 되었고 1985년 제17차 한미연례안보회의 의제로 제시하게 되었다. 1987년 대통령선거에서 노태우 후보는 마침내 작통권 전환을 선거공약으로 제시하기에 이르렀고 당선된 후에도 미국과 협의를 계속하였다.[3]

1989년 7월에는 미 의회에서 냉전 종식에 따라 미국 정부의 재정적자를 줄이기 위해 해외 주둔 미군의 감축과 개편을 주장하는 넌·워너[Nunn-Warner] 법안이 마련되고 후속 조치로 1990년 4월 '아시아 태평양 전략 구상'[4]이 발표되었다. 이에 따라 일정한 단계를 거

---

2 같은 책, 294쪽.
3 같은 책, 295쪽.
4 같은 책, 296쪽.

처 1996년 이후에는 작통권을 한국에 전환하는 것으로 계획하였다. 그러나 1993년 북한의 핵 개발과 NPT 탈퇴로 빚어진 위기상황으로 주한미군의 추가 철수와 작통권 전환이 중단되면서 1994년 12월 1일 부로 작통권을 전·평시로 구분하여 평시 작통권을 환수하게 되었다.5

2006년 9월에는 노무현 대통령에 의해 전작권 전환(2012.4.17일부)까지 합의하였으나 2010년 7월 이명박 대통령의 요청에 의거 연기(2015. 12)되었으며6 2014년 10월에는 박근혜 대통령에 의해 또다시 연기되었다. 2017년 10월에는 문재인-트럼프 대통령이 '전작권 전환의 조속한 실현'에 합의함7에 따라 현재 이를 위한 준비가 진행 중이다.

이처럼 작통권 전환 문제는 특정인 또는 세력이나 일방이 아닌 한미 양국의 입장과 상황에 따라 60년대부터 꾸준히 제기되어 왔던 일이다.

두 번째는 전작권과 관련된 지휘관계이다. 대부분 미국이 미군 소속 연합 사령관을 통해 전작권을 행사하고 있는 것으로 이해하

---

5 같은 책, 296쪽, 298쪽.
6 같은 책, 300쪽.
7 국방부, 《2020 국방백서》, 2020, 169쪽.

고 있다. 그러나 1978년 11월 1일 한미연합사가 창설되면서 지휘관계도 변화되었다. 그 이전까지 작통권은 UN 사의 소속으로서 '미 대통령 → 미 합참 의장 → 태평양 사령관 → UN 사령관'으로 연결되는 지휘관계였다. 그러나 한미 연합사 창설 이후에는 작통권의 소속이 UN 사에서 한미연합사로 이전되었고 지휘관계도 '한미 양국 통수 및 군사지휘기구 → 양국 합참 의장 → 연합 사령관'으로 재설정 되었다.

이처럼 40여 년 전부터 한미가 연합으로 작통권(현 전작권)을 공동으로 행사하고 있다. 시스템적으로 어느 일방이 마음대로 전작권을 행사할 수 없도록 되어 있는 것이다. 이 점이 일반에게 제대로 알려지지 않았다.

다음으로 언급할 점은 전작권 전환이 군사주권 회복과 직결되느냐의 문제이다.

비록 일부라 하지만 전작권을 군사주권과 자주국방으로 연결시켜 전작권 전환이 곧 군사주권의 회복이고 자주국방인 것으로 주장하는 견해가 있다.

그러나 전작권은 앞에서 말한 바와 같이 전시에 국한하여 한국군 일부 부대에 대해 전시 임무수행과 관련한 제한된 권한만을 행사하되 그것도 한미가 공동으로 행사하도록 되어있다.

또한 한국군에 대한 모든 지휘권 행사는 창군 이후 지금까지 대통령이 군 통수권자로써 계속해오고 있다는 사실, 그리고 전작권 전환이 이루어지더라도 전시에는 한미 연합작전을 해야 한다는 것 등을 고려할 때 전작권 전환은 군사력 사용에 대한 딜레마를 어느 정도 해결해 줄 수는 있겠지만 군사주권 회복이나 자주국방과는 동일시 될 수 없는 별개의 개념인 것이다.

전작권 이야기(Ⅱ)

전작권 전환은 조건이 충족되었을 때, 즉 준비가 완료되었을 때 '조건에 기초한 전작권 전환'이 추진되도록 되어있다. 이는 2014년 한미 간에 합의한 것으로 그 조건은 ① 한국군이 연합 방위작전을 주도할 수 있는 핵심 능력의 확보 ② 북핵·미사일에 대한 한국군의 조기 필수 능력 확보 ③ 전작권 전환에 부합된 한반도 및 지역 안보환경 조성, 이 3가지이며 세부적으로는 이를 기초로 발전시킨 26개의 조건이 있다.[1]

2014년 이전까지 전작권 전환은 조건(준비) 충족보다는 언제라는 시간(시기)에 주안을 둔 개념이었다.

그러나 전작권 전환 문제는 전쟁에 관한 일로써 국가의 대사大事

---

1 로버트 에이브럼스 주한 미사령관, 미전략문제연구소 주체 화상회의(2020. 9. 10).

중에서도 대사로서 국가적 차원의 중대한 과업이다. 따라서 전작권 전환에 필요한 조건, 즉 준비 목록을 설정하고 충족 정도에 따라 추진 해야 한다.[2]

예를 들면 우리가 집에서 이사를 한다고 해도 이사에 필요한 제반조건 (준비사항)을 설정하고 그것의 충족 정도에 따라 시행하는 것과 같은 것이다. 즉, 현재 살고 있는 집의 매매와 시기, 이사 갈 집의 가격과 환경 등 제반 여건이 충족되었을 때 이사를 가는 것과 마찬가지이다.

따라서 전작권의 추진은 2014년 10월 당시 정부에서 조건을 제시함으로써 까다롭게 한 점도 있지만 '조건의 개념'으로 전환한 것은 매우 적절하고 합리적인 조치였다.

현재 우리 정부는 조기 전환을 희망하고 있으나 미국은 3단계 연합검증평가(Initial Operational Capability : 기본 운용능력 평가 → Full Operational Capability : 완전 운용능력 평가 → Full Mission Capability : 완전 임무수행 능력 검증)는 물론 제반 조건이 완전히 충족되어야 가능하다는 입장이다.

이 시점에서 우리는 다시 한번 전작권 전환과 관련하여 몇 가지 점을 점검할 필요가 있다.

---

2 육본, 작전술(교육 회장 13-3-2, 2013. 4. 30), 4-22쪽.

첫째, 조기 전환을 합의하고 추진하고 있지만, 과연 언제 전작권을 주고받을 것인가 하는 점이다. 내 나라 내 땅에서 내가 치러야 할 전쟁이라는 원론적 입장, 그리고 작통권을 미국에 넘겨준 50년대와는 달라진 우리의 국방 환경, 한미 양국 정상들이 15년 동안 4차례에 걸쳐 약속을 주고받은 약속의 신뢰 문제 등을 고려할 때 전작권 전환은 당연하다 할 것이다. 그러나 그 시기는 조건 충족에 방점을 두어야 한다. 즉 준비 정도에 따라 융통성을 갖고 추진해야 한다.

둘째, 현재 전개되고 있는 제반 상황을 고려하여 조건을 검토, 보완하고 발전시킬 필요가 있다. 반복되는 말이지만 모든 전략과 정책 등은 목표와 상황과의 변증법적 대화를 통해 만들어지게 된다. 이때 목표는 상수가 되지만 상황은 언제나 변수가 된다. 상황이 변하는 속도는 점점 빨라지고 있다. 즉 변수가 늘 급변한다는 말이다.

양국이 합의하여 조건을 선정한 지 벌써 7년이라는 시간이 지났다. 북한의 핵 보유는 이미 기정사실화되어 가고 있고, 역내에서는 미국은 쿼드^{Quod}와 오커스^{Aukus}를 결성해 중국을 견제하고 있으며 중국은 러시아와 협력으로 대응하고 있다. 미·중의 충돌 전선이 남중국해를 넘어 대만해협과 한반도 해역까지도 위협하고 있는 상황이다.

따라서 관점에 따라 달리 평가할 수도 있겠지만 조건의 3번째인 '전작권 전환에 부합된 한반도 및 지역 안보환경 조성'은 상당기간 충족시키지 못할 수도 있다. 그때의 상황과 지금의 상황이 많이 달라져 있기 때문이다. 그런 이유로 전작권 전환을 위한 새로운 검토가 필요한 것이다.

셋째, 주도 부서를 현재의 국방부에서 국가 안보실이나 국무총리실로 옮겨 TF를 구성하여 추진할 필요가 있다.
이유는 앞에서도 언급하였지만 전작권 전환은 그 성격으로 볼 때 국방부만의 문제가 아니라 국가적 차원의 중대 과업이며 조건에 따라 달라지겠지만 정부 내 타 부서에서도 동참해야 하기 때문이다. 실제로 조건의 세 번째는 통일부·외교부·국정원 등도 참여해서 함께 추진해야 하는 과업이다.

넷째, 적극적인 공보 활동을 통해 국민적 지지와 신뢰를 획득하는 것이다.
전작권 전환에 대해 많은 국민들은 불안과 걱정을 하고 있다. 한미동맹에 미칠 영향에 대해서도 우려를 하고 있다.
국민들은 격론을 벌리고 있는데 정부에서는 조기 전환만 강조했지 신뢰와 지지를 얻기 위한 노력은 보이지 않았다. 책임 있는 그 누구도 언론 브리핑은커녕 방송에 출연하여 말한 적도 없고 언론 칼럼조차 쓴 일이 없었다. 이런 소극적인 모습은 지지는 커녕 수많은 의아함과 궁금증을 유발시켰을 뿐이다.

60년대부터 거론되기 시작한 전작권 전환은 안보환경 변화에 따라 많은 우여곡절을 겪어 왔다. 2007년도에 한미 양국이 합의한 이래 4회에 걸쳐 연기를 반복해 왔다.

그렇지만 현시점에서 중요한 것은 시기보다 조건 충족, 즉 북핵 대비 등 준비를 철저히 하는 것이다.

"나도 과거에 전작권 전환을 찬성했지만 지금 전작권 준비 상태를 보니 전작권이 전환되어서는 안되겠다. 불안하다. 미군도 같은 생각일 것이다!"라는 한미 연합훈련을 지켜본 어느 퇴역 장군의 충정 어린 말이 아직도 귓가를 맴돈다.

이젠 모병제?

대한민국 미래의 최대 위기는 인구감소라고 한다. 국방 환경도 인구 감소에 따라 영향을 받는다. 인구 감소에 따라 무기체계의 첨단화, 징병제에서 모병제(사실은 지원병제)로의 전환 등 다양한 대안에 대한 심사숙고가 필요하다.

그러나 모병제로의 전환만이 유일한 대안이고 이것이 마치 기정사실화 된 듯 "언제부터 할 것인가?"라는 시기에 비중을 두고 '갑론을박甲論乙駁'하고 있다.

갈수록 심해지는 인구감소에 따라 병역 자원의 부족은 점점 심각해질 것으로 예상된다. 2019년 국방 관련 세미나에서는 2023년부터 2037년까지 15년 동안 최대 37만 명 정도의 병력이 부족할 것으로 전망하기도 했다.[1] 이러한 병역 자원의 부족 상황을 고려할 때 모병제(지원병제)로의 주장은 충분한 의미가 있다. 그러나 모병제로 전환하기 위해서는 근본적인 질문에 대한 답이 먼저 준비되어야 한다.

먼저, 적 위협과 국방 환경을 고려하여 국방에 필요한 적정규모의 병력을 우선적으로 판단해야 한다.

병역 제도는 군에 필요한 인력을 조성·유지·관리하기 위한 것으로 적 위협으로부터 국가의 안전보장과 국민의 생명과 재산을 보호하기 위해 존재한다. 따라서 병역제도를 검토함에 있어서는 출발점으로 적의 위협을 먼저 계산해야 한다. 이때 현존 위협인 북한군은 물론 잠재적 위협까지 망라해야 한다. 단순히 북한 지상군만 보더라도 우리보다 2.6배나 많은 110여만 명에 이른다. 또한 국방환경은 인구감소뿐만 아니라 무기체계를 비롯한 모든 분야가 급속도로 변화하고 있다.

전장의 공간은 과거의 육·해·공에서 사이버와 우주 공간까지로 확대되었으며 전쟁을 수행하는 주체도 유인체계에서 무인체계로 바뀌어 가고 있다.

따라서 이러한 적의 위협과 변화된 국방환경을 고려하여 "어떻게 싸울 것인가? How to Fight?"를 먼저 제시하고, 이에 따라 큰 군대를 지향할 것인지 아니면 작은 군대를 지향할 것인지 다시 말해 적정

---

1 국방부, 국방개혁 관련 2차 세미나(2019. 4. 12).

규모를 우선 결정해야 한다. 그 후 적정규모를 상수常數로 놓고 나머지는 그 상수를 유지하기 위한 변수變數로써 방법론이 논의되어야 하는 것이다.

그러나 현재 상황은 적정규모가 얼마인지 계산도 없이 알 수 없는 적정규모를 유지하기 위한 하나의 대안으로 모병제가 논의되고 있다. 마치 머물 시간이 없다고 목적지도 정하지 않은 상태에서 무조건 길을 떠나고 보는 형국이다.

두 번째, 모병제를 적용할 경우 산출된 적정 병력과 적정 예비군을 확보할 수 있느냐가 관건이 된다. 만약에 큰 군대를 지향할 수밖에 없다면 순수한 남男군 위주의 모병제 만으로는 부족 병력을 만회할 수 없으며 복무 기간을 포함한 징병·모병 혼합제 등 병역제도 전반을 검토해야 한다.

병법에서는 "군사軍事나 용병에 있어서 병사의 숫자가 많은 것이 이로운 것만은 아니다"라고 했다. 그러나 무기체계의 '질'이 아무리 우수하다 할지라도 '질'이 '양'의 문제를 완전히 극복할 수는 없는 법이다. 무기체계의 발달에 따라 각종 첨단 무기의 비중이 증대되었지만 이라크 전과 아프가니스탄 전이 보여주듯 전쟁에서 수적인 비중을 결코 무시할 수가 없다. 특히 한반도는 산악지형으로 이루어져 있기 때문에 군사전략에서도 다른 나라와는 달리 병력 소요는 커질 수밖에 없다.

전쟁 수행 주체가 변하고 기술집약형 군대로 바뀐다 하더라도 군사 전략에 필요한 적정 병력 유지는 필수적인 요소이다. 과연 모병제를 통해 군사전략에 필요한 적정 병력과 예비군을 확보할 수 있을 것인지가 신중하게 검토되어야 한다.

세 번째, 모병제 적용시기를 판단하는 문제이다.

모병제를 통해 적정 병력 확보가 가능할지라도 기술집약형 군대로의 전환에 따른 주요 첨단 무기체계의 전력화(AI, 무인로봇 전투체계 등) 등 준비 정도에 따라 융통성을 갖고 추진해야 한다. 특히 필요한 무기와 장비 등을 먼저 지급하고 병력을 감축하는 '선先전력화 후後 병력 조정'이라는 원칙이 준수되어야 한다. 즉, 모병제 추진에 필요한 제반 준비목록(조건)을 설정하고 그것의 충족 정도를 고려하여 시기를 판단해야 한다. 이러한 숙성의 시간이 반드시 필요하다.

네 번째, 우수인력 확보 방법이다.

지금은 징병제이기 때문에 우수한 인력들이 많다. 이것이 한국군의 강점 중의 하나이기도 하다. 모병제로 전환하는 경우 자칫하면 모병 인력 감소와 함께 질적 저하에 봉착할 수 있다. "우수 인력을 어떻게 확보할 것인가?", "한다면 규모는 어느 정도가 될 것인가?" 이 또한 중요한 이슈가 된다. 준비가 제대로 되지도 않은 상태에서 마치 '얼마 있다가 추진할 것'같은 무계획한 '구두탄'이 아니라 대폭적인 장학금 지원 등 우수 자원을 확보할 수 있는 유인책부터 고민해야 한다.

다섯째, 애국심과 충성심의 문제이다.

군인에게 가장 필요한 덕목이 바로 애국심과 충성심이다. 이것이 없으면 임무수행이 불가능하다. 그러나 모병제 하에서 병사들은 생계수단으로 지원하는 경우가 많기 때문에 이들로부터 애국심과 충성심을 어떻게 확보할 것인가를 심각하게 고민해야 한다.

마지막으로 국방예산, 즉 돈 문제이다.

막대한 예산이 급여와 각종 수당으로 지급되어야 한다. 이는 모병제에 필요한 병력 숫자를 충족시킬 수 있는 핵심요소이기도 하다. 지금도 국방 예산 증가율이 군의 요구에 미치지 못하는 상황인데 모병제로 인해 크게 증가된 각종 명목의 인건비를 감당하려면 북핵을 비롯한 기술집약형 군대로의 전환 등에 필요한 전력 증강 사업은 위축될 수밖에 없다. 그러나 증가하는 복지비로 국방예산확보가 점점 어려워지고 있는 현실을 고려할 때 이 점은 중요하고도 심각한 문제가 아닐 수 없다.

모병제는 분명히 나가야 할 방향임에 틀림없다. 그렇지만 앞서 언급한 'How to Fight 어떻게 싸울 것인가'를 비롯한 적정 병력 판단 등 제반 여건에 대한 고민과 대책도 없이 단순히 인구감소를 이유로 모병제를 주장하는 것도 문제이다. 북한의 위협이 상존하고 있는 상황하에서 군사전략에 필요한 적정 병력은 절대적으로 필요하다. 인공지능 등 4차 산업혁명 기술이 대안으로 제시되기도 하지만 아직은 해결해야 할 과제가 많다. 적의 위협과 변화하는 국방 환경을 고려하여 방법과 시기 등 철저하게 준비하고 접근해야 한다. 특히 정치적 목적에서 성급하게 손대는 것만큼은 지양해야 한다.

군軍에서 돈 다 쓴다?

국방비의 연평균 증가율은 7% 이상을 유지하고 있다. 그리고 2020년부터는 그 규모가 50조를 넘어선 것과 관련하여 일부에서는 "하늘 높은 줄 모르고 치솟는 국방비, 역대급 국방비, 사상 최대 규모의 군비증강"을 운운하며, "민생 구제에 사용되어야 할 소중한 자원이 군비증강에 허무하게 낭비될 가능성이 높다"라고 언성을 높이고 있다. 이런 말과 주장을 액면 그대로 들으면 상당한 비중의 정부 예산이 국방비에 투입되고 있으며 국방비가 과다 지출되고 있는 것처럼 느끼게 된다. 그러나 이는 국방과 국방비에 대한 이해 부족에서 비롯된 것임을 조심스럽게 지적하지 않을 수 없다.

먼저, 평시 지출되는 국방비를 자원낭비로 보는 시각이 있는 점이다.

 '천일양병 일일용병天日養兵 一日用兵'이라는 말도 있듯이 국방은 한 번 을 사용하기 위해 천일이라는 긴 시간에 걸쳐 군대를 양성·유지·관리하는 일이다. 되풀이해서 말하지만 가능성이 0.1%일지라도 전쟁에 대비하는 것이 국방이다. 따라서 국방과 군대를 전시와 평시로 분리시켜서도 안되고 전·평시를 통틀어 평가해야 한다. 그렇기 때문에 평시 군사력의 건설·유지·관리가 자원낭비가 될 수 없는 것이며 국방을 단순히 경제논리만으로 접근해서도 안 되는 것이다.

 둘째, 국방비의 과부족過不足을 논論하기 위해서는 눈앞에 보이는 단순 수치가 아닌 적정함을 증명할 논리적 근거를 제시할 수 있어야 한다.

 국방이란 외부 위협으로부터 국가의 생존을 보장하고 국가이익을 확보하며 확장시키는 것을 의미한다. 그렇기 때문에 국방비의 결정적 요인은 '외부 위협'이다.

 외부 위협은 현존하는 위협도 있지만 전방위적인 잠재적 위협도 있으며 테러, 사이버, 대규모 재난 등 초국가적, 비군사적 위협도 포함된다. 따라서 외부 위협에 비례하여 계산되고 조정되는 것이 국방이라는 사실을 인지하고 계산서를 제시할 수 있어야 한다. 단순히 과거 수치를 참고하거나 다른 나라와 비교해서도 안 된다.

셋째, 국방비의 구성도 살펴야 보아야 한다.

앞서 언급한 바와 같은 '역대급 국방비', '사상 최대의 군비증강' 등의 표현에는 국방비 전체가 전력증강에 투입된다는 의미를 내포하고 있다. 일반적으로 그렇게 이해하고 있는 것이 사실이다. 그러나 국방비는 크게 둘로 나누어진다.

하나는 전력운영비로서 장병 인건비부터 의·식·주, 그리고 장비 및 시설관리·운영·유지 등에 이르는 운영비 즉 Overhead cost이다. 매년 국방비의 약 70% 수준을 차지한다. 2021년 Overhead cost는 전체 국방비 52.9조 원의 68.3%인 약36조 원이다.

또 하나는 방위력 개선비라 불리는 전력증강 예산이다. 이는 전력 보강을 위해 무기 등 하드웨어와 소프트웨어를 구입하는 예산으로 국방비의 약 30% 수준이 할애된다. 2021년도에는 31.7%인 약16.7조 원이다.[1] 2020년의 33.2%보다 1.5% 감소했다. 이처럼 전력 증강에 투입되는 예산은 전체의 1/3에도 미치지 못하고 있다.

넷째, 분쟁 국가들의 GDP 대비 국방비와도 비교해 볼 필요가 있다.

세계에서 유일한 분단국가라는 현실도 무시할 수 없으나 천안

---

[1] 국방부 인력운영 예산 담당관실, "2021년도 국방예산 전년 대비 5.5% 증가한 52.9조 원"(보도자료, 2020. 9. 1.).

함 폭침, 연평도 포격전 등 기습적으로 발생하는 북한의 적대행위에 대한 세계적 이목은 당장 한반도에서 전쟁이 발발하더라도 이상할 것이 없다고 생각할 정도로 우리는 '고 위험국가'에 속해있다. 우리처럼 적과 정면으로 대치한 상황은 아니지만 지구상의 다른 분쟁 국가들의 GDP 대비 국방비는 우리보다 높은 수준이다. 2018년 국방백서에 의하면 우리가 2.38%인 반면 북한은 23.3%, 사우디 8.9%, 쿠웨이트 7.8%, 시리아 7.2%, 파키스탄 3.6%, 터키 3.1%, 이스라엘 6%, 인도 2.9%이다.[2] 아무런 군사적 위협을 느끼지 못할 것 같은 싱가포르마저 3% 이상을 유지하고 있다.[3] 분쟁 국가들의 GDP 대비 평균 국방비는 약 4.9%이고 세계 평균은 2.52%가 된다.[4] 이러한 수치들과 비교 시 우리의 2.38%를 높은 수준이라고 할 수는 없다.

다섯째, ① GDP 대비 국방비와 ② 정부 예산 대비 국방비의 비율, 그리고 ③ 전년도 대비 국방비 증가율 세 가지를 다 따져보아야 한다. 그러나 현실은 전년도 대비 국방비의 증가율과 총액만을 놓고 많고 적음을 논한다. 서두에서 언급한 증가율 7%와 총액 50

---

2 김열수, 국방연구원세미나(2014. 6. 20).
3 국방부, 《2020 국방백서》, 2020, 288쪽.
4 김열수, 국방연구원세미나(2014. 6. 20).

조 원이라는 숫자도 바로 그것이다.

국방백서(2018~2020)의 '연도별 국방비 현황'을 분석해 보자.

전년도 대비 국방비 평균 증가율은 전두환 정부 12%, 노태우 10.8%, 김영삼 8.5%, 김대중 4.9%, 노무현 10.5%, 이명박 5.3%, 박근혜 4%, 문재인 7.5%였다.

전두환 정부에서 노태우 정부까지의 기간과 IMF로 어려움을 겪던 김대중 정부 때를 제외하고 보아도 현재의 평균 7.5%는 이명박·박근혜 정부보다는 높은 수치이지만 김영삼·노무현 정부보다는 낮은 수준이다.

정부 예산 대비 평균 국방비는 '전두환 정부 31.6%, 노태우 25%, 김영삼 20.8%, 김대중 15.6%, 노무현 15.4%, 이명박 14.6%, 박근혜 14.2%, 문재인 14.2%'이다.

정부예산의 30% 이상을 차지하다가 점점 줄어들어 이명박 정부 때부터는 계속 14%대 수준을 유지하고 있다.

GDP 대비 평균국방비는 '전두환 정부 4.5%, 노태우 3.2%, 김영삼 2.6%, 김대중 2.2%, 노무현 2.3%, 이명박 2.4%, 박근혜 2.4%, 문재인 정부 2.4%'이다. 김영삼 정부 때부터 2%대 수준의 소수점 이하에서 수십 년째 소폭으로 등락하고 있는 상황이다.

국방비 증가율을 위에서 언급한 세 가지 측면에서 분석해 볼 때 정부 예산 대비 국방비 비율과 GDP 대비 국방비의 비율은 2000년대 초부터 매년 비슷한 수준임을 알 수 있다. 이는 역설적으로 국방비만을 염두에 두고 특별히 증가시킨 것이 아니라는 것을 설명해 주고 있는 것이다.

또한 2021년도 예산안 재정운용현황[5]만 보더라도 전체정부예산은 2020년도 대비 8.5% 증가하였으며 분야별로는 산업·중소기업·에너지가 22.9%, 환경 16.7%, R&D 12.3%, SOC 11.9%, 보건·복지·고용 10.7%, 일반·지방행정 9.5%, 국방 5.5%, 문화·체육·관광 5.1%, 공공질서·안전 4.4%, 외교·통일 4.3%, 농림·수산·식품 4.0%, 교육 -2%라는 증감 현황을 보더라도 국방비만의 특혜가 아니라는 사실을 알 수 있다.

이와 같은 사실에도 불구하고 매년 국방비가 증가하여 2021년도 기준으로 52.9조 원이 된 것은 특별히 국방비만을 배려하여 증액한 것이 아니라 가계나 기업의 경제력이 커지면 모든 분야에서 지출 규모 또한 커지는 것처럼 GDP와 정부 예산의 증가에 따른 정비례 관계로 볼 수 있는 것이다.

국방비와 관련하여 현시점에서 중요한 과업은 적 위협과 제반

---

[5] 기획재정부, 2021년도 예산안 편성(2020. 4. 1).

국방환경, 다른 분야와의 균형성, 국력과의 비례성 등을 고려한 적정 국방비의 산출이다. 국방부를 비롯한 관련 부서에서는 이 점을 중시해야 한다.

　국방비의 균형성, 비례성, 안정성이 고려되지 않는 국방비 논쟁은 의미가 없다.

　이 설명으로 국방과 국방비에 대한 오해가 해소되기를 바란다.

복지와 사기는 정비례?

모두가 사기양양을 이유로 복지를 강조한다. 심지어 국회의 국정감사에서도 이음동의어^{異音同意語}로 자주 등장하는 토픽이 군대의 '복지와 사기'이다. 그러나 사기와 복지는 다른 개념이다.

먼저 사기^{士氣}의 의미를 살펴보자.

군에서는 사기를 "어떠한 악조건 하에서도 개인 또는 부대가 임무를 완수코자 하는 내적 정신 상태이며 승리(임무 완수) 할 수 있다는 믿음에 기초 한다"[1]라고 설명하고 있다.

임무 완수에 대한 강한 의지(동기유발)를 사기로 보고 있는 것이다. 이와 관련하여 군에서는 "자신의 임무가 정당하고 임무 완수

---

[1] 육본, 작전술(교육 회장 13-3-2, 2013. 4. 30), 3-28쪽.

를 통해 상급부대에 기여할 수 있으며 적에 비해 유리한 상황에 있기 때문에 승리가 당연하다는 확신을 갖게 해야 한다"[2]라고 강조하고 있다.

즉 임무에 대한 정당성, 임무 완수를 통한 존재감의 제고, 임무 완수에 대한 확신을 갖게 하는 것을 동기유발의 핵심으로 보고 있는 것이다. 결국 이는 "목표와 방향을 제시하고 동기를 부여함으로써 영향력을 미치는 활동"[3]이라는 점에서 그리고 "확신에 차고 경쟁력 있으며 지식이 폭넓은 리더십은 건전한 아이디어와 동기유발을 보장한다"[4]라는 점에서 상급자의 리더십과 관련된 것이기도 하다. 이처럼 사기로 표현되는 임무완수에 대한 강한 의지는 물질이 아니라 부여된 임무를 자신감을 가지고 적극적으로 해낼 수 있도록 실력을 길러주고 환경과 여건을 조성해 주며 리더십을 바탕으로 한 상·하급자 간의 인간적 신뢰를 돈독히 하는 것이 핵심인 것이다.

6.25전쟁 당시 참전한 미군을 보더라도 알 수 있다. "전쟁 내내 미군들에게는 계속적인 동기부여가 쉽지 않았기 때문에 병력들에게 넉넉한 물품과 선호하는 기호품을 보급하여 사기를 진작시키

---

[2] 1과 같음.
[3] 육본, 육군리더십(교육참고 8-1-9, 2017. 2. 28), 1-10쪽.
[4] 1과 같은 책, 3-31쪽.

려는 모든 노력이 이루어졌다. PX에서는 수천 톤 분량의 청량음료와 캔디를 모든 전선에 공급했지만…"[5]라는 실화가 있다. 물품과 기호품 같은 것이 결코 임무 완수에 대한 동기부여와 강한 의지, 즉 사기 앙양의 대체품이 될 수 없다는 점을 충분히 이해할 수 있는 대목이다.

뿐더러 사기로 표현되는 임무에 대한 강한 의지(동기유발)는 행동으로 구현되어야 한다. 의지만으로 끝나거나 만용蠻勇이 되어서는 의미가 없다. 따라서 자제력을 바탕으로 한 임무 수행과 관련된 자전적 행동이 습성화 되어야 한다. 이것이 바로 군 기강이다. 이처럼 사기는 군 기강과 하나가 되어야 비로소 빛을 발할 수 있다. 그렇기 때문에 "사기 높은 부대가 군기도 엄정하고 사고도 없다"라는 말이 존재하는 것이다.

다음은 복지를 살펴보자.

사전에서는 복지를 "행복한 삶, 생활에서 만족과 기쁨을 느껴 흐뭇함"으로 정의하고 있다. 군에서도 장병들의 삶의 질을 향상시키는 매우 중요한 요소로 보고 의·식·주, 자기개발 확대, 인권보호와 같은 복무여건이나 병영문화 개선 등에 비중을 두고 있다. 군인의 국가에 대한 희생과 헌신을 고려할 때 군인에게 양질의 복

---

[5] T.R 페렌바크, 《이런 전쟁》, 플래닛미디어, 2019, 311쪽.

지를 제공하는 것은 당연하다.

그러나 문제는 '복지가 곧 사기'라는 잘못된 인식이 군에 자녀를 보낸 부모는 물론이고, 관련 부서에까지 공통적으로 내재되어 있다는 점이다. 그렇기 때문에 모두가 사기를 빙자하여 복지의 당위성을 강조하고 복지 향상이 곧 사기앙양인 것으로 착각하고 있다.

국방개혁 2.0에 명시된 "국민 눈높이의 인권·복지를 구현하여 사기 충만 한 병영문화 정착"하겠다는 슬로건도 앞뒤가 맞지 않는다. 단어의 나열이 말이 되는 것이 아니라 뜻이 맞아야 한다. 내용을 보면 더욱더 편차가 커진다. 군사법제도 개혁, 병역거부자 대체복무 제도 도입 등이 도대체 사기와 무슨 관계가 있다는 것인지 이해가 되지 않는다. 사기와 복지조차 구분하지 못하는 군대와 국방부가 되고 마는 것인가?

풍족하고 호화로운 복지가 사기에 긍정적인 영향을 미칠 수도 있으나 전투를 전문으로 하는 군인에게 꼭 긍정적으로 작용하는 것만은 아니다. 오히려 나태함과 무사안일주의, 의지력 약화 등을 초래하는 원인으로 작용하여 사기를 파괴할 수도 있다는 사실을 주목해야 한다.

월남전은 수준 높은 복지와 첨단 무기로 무장된 군대가 빈약한 무기를 들고 제대로 먹지도, 입지도 못한 군대에게 지고만 전쟁이었다.

한국전쟁을 다룬 책《이런 전쟁》을 보면 당시 참전한 미 육군을 다음과 같이 묘사하면서 이러한 군대였기에 6.25전쟁 초기에 어려움을 겪을 수밖에 없었다고 설명하고 있다.

"이들은 여론의 지지를 업고 군대가 민간인 생활이나 가정생활과 최대한 비슷해야 한다고 생각을 하던 신종 정규군이었다. 군기는 이들을 짜증 나게 했고, 의회 의원들은 지나치게 군기를 잡지 말라고 권고했다. 덕분에 병사들은 모두 살찌고 있었다. (중략) 병사가 부사관에게 '빌어먹을….'이라고 말할 수도 있었다. 옛날 미 육군이라면 이 병사는 흠씬 맞고서야 규칙이 어떻다는 것을 즉각 알았을 것이다. (중략) 만일 똑같은 일이 캐나다 육군에서 벌어졌다면 중대장 앞으로 끌려가 봉급을 삭감 당하고 심지어 30일 동안 영창에 처해졌을 것이다."[6]

군인의 임무와 역할을 무시한 무리한 복지와 무기력한 군대의 모습을 실감 나게 표현한 대목이다.

군인은 고통스럽고 험난한 환경에서 적과 싸워서 적을 죽이고 죽이지 못하면 자기가 죽어야 되는 운명이다. 따라서 혹독한 훈련과 함께 엄격함을 편안함으로 알고 당연하게 받아들이는 것이 습성화되어야 한다. 따라서 자제력으로 상징되는 군 기강을 훼손하지 않는 절제된 복지와 전투력 발휘에 도움이 되는 복지가 되어야

---

[6] 같은 책, 132쪽, 530쪽.

하는 것이다.

사기와 복지는 전투력으로 통합되어야 한다. 그러나 분별할 수 있어야 한다.

이 두 가지는 개념도 다르지만 향상시키는 방법도 각각 다르다. 양자의 단어 뒤에 붙는 접미어도 (사기)앙양과 (복지)향상으로 다르다. 그뿐만 아니라 복지가 사기에 미치는 영향도 정비례가 아니라 오히려 역효과가 커져 반비례가 될 수도 있다. 결코 이음동의어異音同義語가 아니다.

사막의 여우라 불린 2차 세계대전 당시 독일의 롬멜Erwin Rommel 장군은 "군에서 최고의 복지란 최고의 훈련이다. 훈련만이 사상자를 줄여주기 때문이다"라고 하였다.

맞는 말이다.

군사력 > f(x)

 군과 관련된 흔한 질문 중 하나가 남북한 군사력 비교에 기초한 위협 분석이다. 다음 질문으로는 "그 많은 국방비를 어디에…"로 이어진다. 나 역시 얼마 전 똑같은 질문을 받았고 같은 주제로 논쟁을 한 바 있다.

 《2020 국방백서》에도 위협 분석의 일환으로 '남북한 군사력 현황'이 제시되었다. 단순히 병력과 주요 무기체계와 장비를 비교한 것이기에 적어도 숫자상으로는 한국군이 열세이다. 도표로 제시된 하단에 조그마한 글씨로 "남북한 군사력 현황은 양적 비교만 제시하였음. 군사력을 실제로 비교하기 위해서는 양적 비교뿐만 아니라 장비 성능 및 노후도, 훈련 수준, 합동 전략 운용 개념 등을 종합적으로 고려 시 차이가 있을 수 있음"이라고 주註를 달았지만 그 부분까지 자세히 읽어보는 사람은 드물 것이다.

이를 논하는 이유는 남북한 군사력 비교가 국민들로부터 많은 관심을 받고 있을 뿐만 아니라 때로는 이것이 국방비 사용과 군에 대한 불신의 근거로 작용하기 때문이다.

국방정책의 목표는 외부 위협에 대해 군사적 수단으로 국가를 보호하는 것이기에 적의 위협을 객관적으로 분석하는 것은 올바른 국방정책의 출발점이 된다.

핵을 제외한 재래식 위협(일명 군사력)을 분석하고 평가하는 방법은 크게 2가지다.

먼저 '동태적 평가방법'이다. 이는 컴퓨터 시뮬레이션이나 워-게임 등을 통한 평가로 양쪽의 군사력이 서로 얽혀 실제와 같이 전투를 시계열적으로 묘사해 나가는 것이다. 이 방법은 실제 전장 Theater of Operation의 광범위하고 복잡한 현상을 나타내는 중요한 변수들을 입력시켜 일정 기간의 전쟁 결과를 예측하기 위한 것으로 무기의 효과성, 지형 조건, 항공기 출격률 등 전장의 모든 상황과 여건에 대해 수많은 가정들이 필요하다는 점에서 불확실성이 존재할 수밖에 없다.[1] 따라서 이 방법은 공식적인 군사력 비교보다

---

1 한용섭,《국방정책론》, 박영사, 2014, 131쪽.

는 전투 과정에서 나타나는 양측의 역동적인 상호 관계를 관찰하는 용도로 많이 활용되고 있다.

다음은 '정태적 평가 방법'이다. '정태적 평가 방법'은 쌍방의 주요 장비, 무기체계, 병력 등 유형적 군사력의 숫자만을 비교하는 '단순 정태적 방법'과 무기체계나 부대 형태에 따라 '가중치를 부여한 정태적 평가 방법'으로 구분된다.[2]

이 중에서 일반적으로 잘 알려져 있으면서 문제가 되고 있는 것이 전자인 '단순 정태적 방법'이다. 이는 비슷한 무기체계를 누가 더 많이 가지고 있느냐를 따지는 것으로 일명 '콩알 세기'라고도 한다.[3] 그러나 이 방법은 단순히 무기의 양적인 것을 비교하고 있을뿐, 무기의 질적인 점을 설명하지도 않고 있으며 전쟁의 결과에 영향을 미치는 많은 요인들, 즉 지휘·통제, 통신, 컴퓨터, 그리고 정보와 군수 지원, 전략전술, 군대의 훈련 정도와 사기 등 수많은 무형적 군사능력은 고려하지 않는다.

이처럼 유형적인 군사능력에 대한 참고자료 일뿐 무형 능력까지 고려된 실제 군사력으로서는 유용한 지수가 되지 못한다. 따라서 '군사력'이라는 단어를 사용하는 것 자체도 적절치 않다. 그렇

---

2 같은 책, 120쪽.
3 한용섭,《국방정책론》, 박영사, 2014, 131쪽.

기 때문에 용어 사용도 '군사력 비교' 또는 '군사력 현황'이라기보다는 '주요 병력 및 무기체계 비교'라고 해야 더 정확한 표현이 된다. 단지 설명이 쉽고 이해가 용이하기에 병력과 유사 주요 무기 및 장비를 비교한 결과를 제시했을 뿐이다. 그렇기 때문에 실제 보유량을 비교한다라는 투명성을 근거로 하여 쌍방이 무기나 장비의 수량 조정 등 군비통제 협상을 위한 기초자료로 주로 사용하고 있다. 그럼에도 불구하고 이것이 남북한 위협 분석 및 군사력 평가의 전부인 것처럼 취급되고 있는 것이 현실이다.

앞에서 언급한 바와 같이 위협을 비교 평가하는 방법은 용도와 기법에 따라 다양하지만 나름대로 많은 제한이 있다. 그런 만큼 현재의 '주요 병력 및 유사 무기체계 비교(현황)'가 '군사력 비교'나 '군사력 현황'으로 둔갑하여 국방비 사용에 대한 의문과 군에 대한 불신으로 연결되는 것은 적절치 않은 일이다.

또한 관련 부서는 군사력 평가에서 현재의 정태적 분석에 기초한 방법이 미치는 부정적 영향을 해소시킬 수 있어야 한다. 기존

---

4 띄엄띄엄 떨어진 양(量)으로 있는 것이 이러저러한 힘을 받으면 어떤 운동을 하게 되는지 밝히는 이론이다. 이를 활용한 양자 기술은 양자 특유의 특성(얽힘·중첩 등)을 활용하여 기존의 기술 한계를 뛰어넘는 초고속 연산(양자 컴퓨팅), 초신뢰 보안 (양자통신), 초정밀 계측(양자 센서)을 가능케 하는 파괴적 혁신 기술로 군사적 활용이 가능하며 안보 측면에서도 중요하게 다루어질 전망이다.(https://blog.naver.com/withnsip, 2021. 12. 19).

의 틀과 논리를 과감히 벗어나 미래 산업 경쟁력의 핵심 기술로서 산업·경제 전반에 혁신을 가져올 것으로 기대되는 양자 정보 과학 등 양자역학(量子力學, Quantum Mechanics)[4]을 활용한 동태적 모델 개발을 적극적으로 추진하는 것도 좋은 방안이 될 수 있다.

죄와 벌

2019년 '북한 목선의 삼척항 입항 사건'과 관련된 책임을 물어 해당 군단장까지 보직해임하고 합참의 업무 계선에 있는 장군들은 물론 청와대 국가 안보실 제1차장까지 처벌한 일이 있었다.

2021년 3월에는 전방지역 경계 작전과 관련하여 사단장 보직해임과 군단장에 대한 서면 경고가 있었다.

당시 보도에 의하면 해당 부대의 여단장과 전·후임 대대장, 합동작전 지원소장 등 4명도 함께 징계 위원회에 회부되었고 직·간접으로 책임이 있는 18명에 대해서는 지작사(지상작전사령부)에 인사 조치를 위임하였다. 나는 여기서 이런 식의 광범위한 처벌이 정당한가? 라는 의구심이 든다.

모든 부대를 전략목표와 관련하여 어떤 역할을 하느냐에 따라 전략적 수준·작전적 수준·전술적 수준으로 분류한다. 부대의 규모와 지휘관 계급에 따라 구분하는 것은 아니지만 대략 육군의 경우 전략적 수준으로는 국방부와 합참, 작전적 수준은 합참과 작전사(4성장군 지휘), 전술적 수준은 군단급(3성장군 지휘)과 그 이하 모든 부대가 된다.

이러한 각 수준은 서로 간에 많은 영향을 주고받는다. 즉 어느 한 수준이 우수할 경우 타 수준의 부족한 점까지도 어느 정도 커버하게 할 수 있다. 반대로 어느 한 수준이 제대로 작동을 못 할 경우에는 다른 수준의 성공을 감소시키게 된다. 이처럼 다른 수준에 미치는 영향은 상위 차원일수록 더 크게 나타난다. 또한 군에서 상급부대는 달성해야 할 '목표'이고 하급부대는 목표를 달성하기 위한 '수단'이 된다.[1]

이러한 수준별 관계와 상·하급부대 간의 관계를 고려하여 모든 지휘관들은 1단계 이상의 상·하급부대에 대해 정통해야 할 것을 요구받는다. 실제로 이러한 원칙에 따라 작전 계획을 수립할 때에도 2단계 상급지휘관의 의도를 목표와 과업으로 설정하고 2단계 하급부대를 선정된 목표와 과업 수행을 위한 전투력(수단)으로 판단하여 계획을 수립하게 된다.

이런 것들이 근거가 되어 모든 부대의 작전과 교육훈련의 책임

---

1 육본, 작전술(교육회장 13-3-2, 2013. 4. 30), 2-34쪽.

은 2단계 상급 지휘관에게 부여되고 평정(평가) 또한 2단계 상급 지휘관이 종결권자로 되어 있는 것이다.

이처럼 모든 지휘관은 2단계 하급부대에 대한 작전과 교육훈련 등에 대해 책임을 지도록 되어있다. 그렇기 때문에 사단장이 현장지도를 나가더라도 2단계 하급부대인 대대로 가는 것이며 회의는 물론 격려행사를 할지라도 이 점을 고려하여 대대장까지를 대상으로 하는 것이다.

국방부에서 각종 회의나 교육 등을 실시할 때 군단장급 이상을 대상으로 하는 것도 같은 개념이다.

따라서 작전 및 교육훈련과 관련하여 처벌을 하는 경우에도 이러한 '지휘관계 Chain of Command'에 따라 소대에 잘못이 있으면 2차 상급 지휘관인 대대장까지, 중대라면 여단장까지, 대대일 경우에는 사단장까지를 처벌 대상으로 해야 하는 것이다. 군에서 사건·사고가 발생하면 왜 초급간부나 하위직 간부들만을 처벌하느냐고 의문을 제기한다. 그 이유는 바로 이러한 원칙을 적용하기 때문이다. 상급자들이 전체 하급자들에게 책임을 묻고 전가하는 일은 군에서 결코 있을 수 없는 일이다.

소대에서 발생한 문제를 가지고 '소대장-중대장-대대장-연대장(여단장)-사단장-군단장-작전 사령관-합참의장-청와대 안보실 차장'까지 줄줄이 처벌한다면 군 지휘계통의 위계에 대한 원칙 위반이다. 이 원칙이 지켜지지 않는다면 책임한계를 무시한 것이 되어 모든 지휘관, 특히 상급 지휘관일수록 책임지다 끝나게 된다.

 군대는 전시를 대비하여 존재하고 훈련하며 몸에 익힌다. 모든 규정과 시스템도 전시를 대비해서 운용되는 것이다. 전시에도 경계작전과 관련하여 문제가 발생한다면 과연 이런 식으로 일벌백계 운운하면서 처벌할 것인가? 전시가 되면 사단만 놓고 보더라도 수많은 곳에서 경계 문제뿐만 아니라 그보다 더 큰 문제들이 빈번하게 발생할 것인데 그때마다 사단장을 보직해임 시킨다면 도대체 사단장을 몇 명이나 예비로 확보해 놓아야 한단 말인가?
 노무현 대통령 시절 530 GP에서 8명이 숨지고 2명이 부상당하는 사건이 발생했다. 대형 사건임에도 불구하고 위로는 군단장에 대한 경고가 전부였다. 그것도 소대급에서 발생한 일이기에 군단장에 대한 경고의 적절성 여부를 놓고 수많은 논란이 있었다. 그만큼 책임의 한계와 지휘관계 등을 신중하게 고려했던 것이다. 요즘식으로 한다면 국방부 장관까지도 해임되어야 할 판이다. 경계작전과 관련하여 관련 규정을 위반했다고 처벌하면서 이러한 원칙을 무시하고 처벌한다면 이는 지휘 책임에 대한 무지에서 비롯된 심각한 군 기강 문란 행위가 되는 것이다.

 특히 작전적 수준의 지휘관(육군의 경우 4성장군)은 교전과 전투를 지휘하는 위치에 있지도 않다. 그것이 성공하든 실패하든 결과를 활용하여 더 큰 작전·전략 목표를 달성하는 역할을 수행하는 지위에 있다. 이들 최상급 지휘관들은 본질적으로 직접 지휘를 할 수도 없고 간접 지휘로써 임무형 지휘를 할 수밖에 없다. 따라서 교전과 전투도 아닌 경계 문제로 고위 지휘관을 처벌하는 것은 '임무와 역할'도 모르는 무지한 행위이다.

강한 군대는 혹독한 훈련 과정을 통해 만들어진다. 그런 만큼 병사들을 강하게 훈련시켜야 하고 평시에도 전시처럼 훈련해야 한다고 강조한다.

훈련에서 흘린 땀 한 방울이 전시에는 피 한 방울을 아끼는 것이라며 실전적 훈련만이 전장에서 병사들의 목숨을 구할 수 있다는 말을 흔히 한다.

그러나 막상 실전적 훈련을 하다가 사고가 발생하여 목숨을 잃거나 부상을 당하게 되면 나라 전체가 군을 공격하고, 언론에는 전문가라는 사람들이 등장하여 나름대로의 의견을 제시한다.

국회에서도 국방위가 소집되어 책임을 추궁한다. 상황이 그렇게 전개될 즈음이면 빠른 봉합을 위한 정치적 계산하에 '줄줄이 처벌'이 이루어진다. 이것이 현실이다. 그러면서 강군이 될 것을 요구한다. 이런 딜레마 상황에서 우리 군은 과연 강군의 길을 갈 수 있을까? 상·하급 부대의 관계, 지휘책임의 한계 등 군대를 똑바로 알고 제대로 신상필벌 해야 군대가 바로 설 수 있다.

《손자병법》모공謀攻 편을 보면 군주君主가 군대에 해害를 끼치는 세 가지가 있다. "하나는 군주가 구중궁궐에 앉아 전방상황도 모르면서 진격과 퇴격을 명하는 것이고, 또 하나는 군사軍事를 제대로 알지도 못하면서 군정(軍政 : 진급·보직·신상필벌 등)에 간섭하는 것이며, 마지막은 군권(軍權 : 군대의 지휘·통솔)도 모르면서 부대 지휘에 간섭하는 것이다. 이렇게 되면 군 내부의 의심과 불신을 초래하게 되고 군을 혼란스럽게 만들어 적에게 승리를 바치게 된다"라고 하였다.

민民은 민의 길,
정政은 정의 길,
군軍은 군의 길이 있다.
이 각각의 길을 우리는 '도道'라고 부를 수 있다.

우리 모두 각자의 길을 잘 지킬 때 통일된 미래 대한민국을 열어나가는 하나의 큰 길大道이 열릴 것으로 믿는다.

평화 – 더위 먹은 소의 넋두리

"왜 자꾸 싸우려고만 합니까?"
"싸우는 것은 하책下策입니다. 하책!"
"하기야 군인들이 평화를 이야기하는 것보다 전쟁을 이야기해야겠지요."

선제타격이나 사드 배치의 필요성을 주장할 때면 자주 듣는 항의성 힐난이다.

1953년 정전 협정이 체결된 이후 70여 년째 정전停戰 상태가 계속되고 있다. 그동안 북한은 천안함 폭침과 같은 도발을 주도해왔으며 심지어 UN에서조차 반대하고 있는 미사일 도발은 시도 때도 없이 계속하고 있다.

그런가 하면 남북관계에서도 북한은 긴장을 조성하기도, 화해 분위기를 연출하기도한다. 이렇듯 상황의 주도권이 북한에 있다 보니 우리는 어느덧 남북관계에서 말도 안 되지만 북한의 눈치를 살피는 수동적인 모습을 갖게 되었다. 그런 나머지 북한에 맞서거나 도전적인 모습을 보이면 평화를 해치는 전쟁광戰爭狂으로 매도되고 그 반대편에 서면 지식인이며 평화주의적 인텔리로 대접받고 있는 듯하다.

이 점에서 우리는 평화에 대한 인식을 새로이 할 필요가 있다.

우선 평화에 대한 인식이다.

국가 이익의 형태는 시대와 상황에 따라 변할 수 있다. 그러나 시공時空을 떠나 변하지 않는 국가이익의 가치는 바로 '민족의 생존과 국가의 번영'이다.

'민족의 생존과 국가의 번영'은 평화가 전제될 때만이 가능하다. 따라서 평화는 필히 확보해야 하는 목표가 된다. 그 목표는 목표를 추구하는 국민들의 이해와 공감대가 선행되어야 한다. 목표에 대한 정확한 인식이 되어야 모든 물적 인적 노력을 집중할 수 있기 때문이다.

사전적으로 평화란 "전쟁이나 분쟁 또는 일체의 갈등이 없는 평온한 상태"라고 정의하고 있다. 그러나 평화는 상황이나 조건 등

에 따라 안정적 평화Stable Peace와 불안정 평화Unstable Peace로 구분된다.[1]

안정적 평화는 전쟁 가능성이 매우 낮아 전쟁을 전혀 고려하지 않는 평화를 말한다. 즉, 지속성Persistence과 신뢰성Reliability이 확보된 평화를 말한다. 불안정 평화는 전쟁 가능성이 존재하고는 있지만, 협약 등에 따라 조건부로 평화가 유지되는 것을 말한다. 따라서 안정적 평화는 완전한 영구적 평화가 되고 불안정 평화는 평화에 대한 조건이 깨질 때는 전쟁으로 바로 연결된다는 한계가 있기 때문에 임시 평화·짝퉁 평화가 되는 셈이다. 그러나 원인이 무엇이든 우리는 이를 구분하지 못하고 임시·짝퉁 평화에도 열광하며 북한의 도발이 뜸하게 되면 "평화가 발전되고 있다"라는 그럴듯한 말을 당당히 뇌까린다. 이처럼 평화에 대한 잘못된 인식, 즉 가고자 하는 목표에 대한 방향설정이 흐트러져 있는 것이 당면한 현실적 문제이다.

한 가지 더 분명히 짚어야 할 것은 평화를 확보하는 방법상의 문제이다.

평화는 대화 또는 문서라는 제도적 장치에 의해 이루어지는 것

---

[1] 허지영,《2021 한반도 국제평화 포럼 : 평화의 개념들과 한반도 평화비전》, 2021. 8.

이 결코 아니다. 역사가 증명하듯 힘 즉, 억제력Deterrent Power이 있어야 가능하다. 이는 언급한 바 있지만 '① 적이 두려워할 정도의 힘(유형적 요소)과 ② 필요 시 보유한 힘을 여지없이 발휘하겠다는 결연한 의지 ③ 이러한 힘과 의지에 대한 적의 신뢰'라는 3박자가 갖추어져야 비로소 평화를 확보하고 지키는 힘으로써 그 가치를 발휘할 수 있는 것이다.

그러나 우리에게 이러한 사실에 대한 인식과 역량은 의외로 부족하다. 특히 ② 적과 싸우고자 하는 의지가 박약하고 ③ 우리의 힘과 의지를 북한이 신뢰하지 않는다는 점은 당장 극복해야 할 당면 과제이다. 아무리 강력한 무기를 갖고 있어도 이를 사용하겠다는 의지가 없으면 무용지물이 아닌가? '강력대응' 운운해 보았자 북한에게 우리는 '양치기 소년'으로 비칠 뿐이다.

그럼에도 불구하고 "싸우지 않고 이기는 것이 최상책이며 싸워서 이기는 것은 하책下策"이라고 표현하면서 어떻게 하든 북한과의 충돌을 회피하고 대화를 통해 북한이 원하는 방향으로, 그리고 원만한 관계를 유지하는 것이 최선책이고 그것이 곧 평화를 위한 노력의 전부인 것으로 착각하고 있다. 그러나 방법은 고정불변이 아니라 상황에 따라 '매의 눈' 또는 '비둘기의 눈'으로 볼 수도 있다. 국민의 생존을 위해 필요하다면 상처가 날지라도 싸울 수 있어야 한다. 그러나 어떠한 방법이든 앞서 언급한 3박자가 보장되어야 적에게 먹혀든다는 것을 이해할 수 있어야 한다.

끝으로 평화를 지키기 위한 내적 자세이다.

그동안 북한의 수많은 도발이 있었지만 단호하게 대처하는 선례를 제대로 만들지도 못하고 오로지 사태의 확산방지와 조기 수습에 매달리는 태도를 보여 왔다. 그 결과 '위기'라는 말만 들어도, 북한의 점잖지 못한 폭언만 들어도 불안에 떠는 모습을 보였다. 그렇기 때문에 '선제타격'이라는 말은 입에 올려서는 안 되는 금기어가 되고 이를 주장하면 괴짜가 되었다.

사실 선제타격은 적의 공격이 확실하고 임박한 상황에서 적으로부터 일격을 당할 경우 국가의 생존이 곤란하다고 확실시될 때 실시하게 된다². 즉, 국가생존을 위해 선제타격 외에는 다른 수단을 사용할 여지나 시간조차 없을 정도로 생존을 위한 자위권 행사가 절박Imminent하고 압도적Overwhelming인 상황에서 선택할 수밖에 없는 불가피한 전략인 것이다. 2010년 1월 김관진 (전)국방장관이 국회에서 선제타격과 관련하여 '북한이 대규모로 장사정포 공격에 나설 경우 선제 타격을 할 수 있다'라는 입장을 밝힌 것처럼 회복하기 어려운 큰 피해를 보기 전에 이를 방지하기 위해 미사일

---

2   합참,《합동·연합작전 군사용어사전》, 2020, 160쪽.

발사대 등 필요한 부분을 먼저 타격하는 것으로 UN을 비롯한 국제사회에서도 정당성을 인정하고 있는데 일부 세력은 마치 이를 '전쟁하자는 것'으로 곡해하여 받아들인다.

소극적 태도와 허약한 의지로 '고장 난 녹음기처럼' 평화를 외치고, 북한의 도발에 길들여진 소가 되어 맥 빠진 소리로 평화를 외쳤던들 평화가 오겠는가?

반복하여 말하지만 ① 전쟁을 회피하는 것은 더 좋은 방안이 있기 때문이어야지 두려움 때문이어서는 안 되며 ② 국가정책의 목표가 전쟁이 될 수 없으나 국익을 위해서는 전쟁도 불사한다는 지도자와 국민들의 의지가 전쟁을 억제하고 ③ 그 억제력에 의해서 평화가 유지된다는 사실을 조심스럽게 말하고자 한다.

병법가 베게티우스Vegetius는 "평화를 원하거든 전쟁을 준비하라Si vis pacem, para bellum"라고 하였다. 이는 국방에 충실했을 때 즉, 전쟁을 각오하고 준비가 되었을 때만이 평화가 보장된다는 말이다.

· 부록 ·

한미상호방위조약 전문

정식 명칭은 「대한민국과 미합중국간의 상호방위조약」이고 1953년 10월 1일 Washington DC에서 변영태 한국 외무장관과 존 포스터 덜레스 미국 국무장관이 조인하였으며 1년 후 1954년 11월 18일 정식 발효됨.

본 조약의 당사국은,
The Parties to this Treaty,

모든 국민과 모든 정부가 평화적으로 생활하고자 하는 희망을 재확인하며, 또한 태평양 지역에 있어서의 평화 기구를 공고히 할 것을 희망하고,
Reaffirming their desire to live in peace with all governments, and desiring to strengthen the fabric of peace in the Pacific area,

당사국 중 어느 1국이 태평양 지역에 있어서 고립하여 있다는

환각을 어떠한 잠재적 침략자가 갖지 않도록 외부로부터의 무력 공격에 대하여 자신을 방위하고자 하는 공동의 결의를 공공연히 또한 정식으로 선언할 것을 희망하고,

Desiring to declare publicly and formally their common determination to defend themselves against external armed attack so that no potential aggressor could be under the illusion that either of them stands alone in the Pacific area,

또한 태평양 지역에 있어서 더욱 포괄적이고 효과적인 지역적 안전보장 조직이 발달될 때까지 평화와 안전을 유지하고자 집단적 방위를 위한 노력을 공고히 할 것을 희망하여

Desiring further to strengthen their efforts for collective defense for the preservation of peace and security pending the development of a more comprehensive and effective system of regional security in the Pacific area,

다음과 같이 동의한다.

Have agreed as follows:

제1조 당사국은 관련될지도 모르는 어떠한 국제적 분쟁이라도 국제적평화와 안전과 정의를 위태롭게 하지 않는 방법으로 평화

적 수단에 의하여 해결하고 또한 국제관계에 있어서 국제연합의 목적이나 당사국이 국제연합에 대하여 부담한 의무에 배치되는 방법으로 무력으로 위협하거나 무력을 행사함을 삼갈 것을 약속한다.

Article 1 The Parties undertake to settle any international disputes in which they may be involved by peaceful means in such a manner that international peace and security and justice are not endangered and to refrain in their international relations from the threat or use of force in any manner inconsistent with the purposes of the United Nations, or obligations assumed by any Party toward the United Nations.

제2조 당사국 중 어느 1국의 정치적 독립 또는 안전이 외부로부터의 무력 공격에 의하여 위협을 받고 있다고 어느 당사국이든지 인정할 때에는 언제든지 당사국은 서로 협의한다. 당사국은 단독적으로나 공동으로나 자조自助와 상호 원조에 의하여 무력 공격을 저지하기 위한 적절한 수단을 지속 강화시킬 것이며 본 조약을 이행하고 그 목적을 추진할 적절한 조치를 협의와 합의하에 취할 것이다.

Article 2 The Parties will consult together whenever, in the opinion of either of them, the political independence or security of either of the Parties is threatened by external armed attack. Separately and jointly, by self-help and mutual aid, the Parties will maintain and develop appropriate means to deter armed attack and will take suitable measures in consultation and agreement to implement this Treaty and to further its purposes.

제3조 각 당사국은 타 당사국의 행정 지배하에 있는 영토와 각 당사국이 타 당사국의 행정 지배하에 합법적으로 들어갔다고 인정하는 금후의 영토에 있어서 타 당사국에 대한 태평양 지역에 있어서의 무력 공격을 자국의 평화와 안전을 위태롭게 하는 것이라 인정하고 공통한 위험에 대처하기 위하여 각자의 헌법상의 수속에 따라 행동할 것을 선언한다.

Article 3 Each Party recognizes that an armed attack in the Pacific area on either of the Parties in territories now under their respective administrative control, or hereafter recognized by one of the Parties as lawfully brought under the administrative control of the other, would be dangerous to its own peace and safety and declares that it would act to meet the common danger in accordance with its constitutional processes.

제4조 상호적 합의에 의하여 미합중국의 육군, 해군과 공군을

대한민국의 영토 내와 그 부근에 배치하는 권리를 대한민국은 이를 허용(許容)하고 미합중국은 이를 수락한다.

Article 4 The Republic of Korea grants, and the United States of America accepts, the right to dispose United States land, air and sea forces in and about the territory of the Republic of Korea as determined by mutual agreement.

제5조 본 조약은 대한민국과 미합중국에 의하여 각자의 헌법상의 수속에 따라 비준되어야 하며 그 비준서가 양국에 의하여 워싱턴에서 교환되었을 때 효력을 발생한다.

Article 5 This Treaty shall be ratified by the United States of America and the Republic of Korea in accordance with their respective constitutional processes and will come into force when instruments of ratification thereof have been exchanged by them at Washington.

제6조 본 조약은 무기한으로 유효하다. 어느 당사국이든지 타 당사국에 통고한 후 1년 후에 본 조약을 종지(終止)시킬 수 있다.

Article 6 This Treaty shall remain in force indefinitely. Either party may terminate it one year after notice has been given to the other Party.

이상의 증거로서 하기 전권위원은 본 조약에 서명한다.

IN WITNESS WHEREOF the undersigned plenipotentiaries have signed this Treaty.

본 조약은 1953년 10월 1일 워싱턴에서 한국문과 영문 두벌로 작성되었다.

Done in duplicate at Washington, in the Korean and English languages, this first day of October 1953.

대한민국을 위하여 변 영 태
FOR THE REPUBLIC OF KOREA: Y. T. Pyun

미합중국을 위하여 존 포스터 덜레스
FOR THE UNITED STATES OF AMERICA: John Foster Dulles

미합중국의 양해사항(1954년 2월 1일)
어떤 체약국도 이 조약의 제3조 아래서는 타방국에 대한 외부로부터의 무력공격을 제외하고는 그를 원조할 의무를 지는 것이 아니다.

또 이 조약의 어떤 경우도 대한민국의 행정적 관리하에 합법적으로 존치하기로 된 것과 미합중국에 의해 결정된 영역에 대한 무력공격의 경우를 제외하고는 미합중국이 대한민국에 대하여 원조를 제공할 의무를 지우는 것으로 해석되어서는 안 된다.

맺는말

나는 군문을 나올 때 한 가지 결심을 한 것이 있었다. 어지간하면 국방과 군에 관한 이야기를 하지 말자는 것이다.

하지만 안타깝게도 '이게 아닌데'하는 것들이 너무 많았고 우리의 국가 안보, 국방과 군에 대한 일반의 오해와 편견이 매우 심각하다는 것을 느끼게 되었다.

생각이 바뀌었다. 동분서주 설명하고 이해시키려는 노력을 멈추지 않았다. 그러나 그것만으로는 충분하지 않았다. 결국 군문을 떠난 것은 몸이지 마음이 아니라는 생각과 사명감으로 그동안 느끼고 질문받고 공부한 내용과 칼럼에 기고한 것을 간추려 이 책에 썼다.

자! 이제 이 책이 나오는 데 고마움을 주신 분들께 감사를 전할 차례다.

먼저 조남풍 장군님(예비역 육군대장)이다. 조 장군님은 내가 소령 시절 "설령 자유민주주의에 결함이 있더라도 북한 공산주의

보다 낫다는 신념을 갖도록 장병들을 교육하는 것이 사격술이나 각개전투 같은 군사훈련보다 더 시급하고 중요하다"라고 하시며 북한 공산주의, 해방신학, 종속이론과 같은 이데올로기와 국가안보 분야를 연구하도록 지도하셨다. 조 장군님께 존경의 경례를 드린다.

또 한분은 박홍환 장군님이시다. 그분은 필자가 전술과 작전술 그리고 전략에 대해 충분히 이해하고 소화할 수 있도록 지도해 주셨다. 박 장군님께도 존경의 경례를 드린다.

다음은 신양주 선생이다. 그는 나라의 장래를 심사深思하고 다음 세대를 위해 숙고熟考한 결과를 허심탄회하게 말해주고 따뜻한 격려의 말을 아끼지 않았다. 이 기회를 빌려 오랜 벗 신양주 선생께 깊은 감사를 드린다.

또 한 분 잊지 못할 분은 곽정식 선생이다. 그는 민간인으로서는 보기 드물게 국제정세와 군사에 대한 해박한 지식으로 의견을 내고 비판도 아끼지 않았다. 그와의 인연은 이 책이 준 선물이다.

감사한 분이 또 있다. 컴퓨터 작업이 서툰 필자를 위해 수고해 준 박혜인 님에게 고마움을 전하며, 출판사 준평과 박시현 님께도 감사를 표한다.

이제 이 책을 마무리한다. 머리말에서 언급한 "천하수안 망전필위 天下雖安 忘戰必危"라는 말을 한 번 더 쓴다.
"천하가 비록 아무리 편안하더라도 전쟁을 잊으면 위기는 반드시 찾아온다."

읽어 주셔서 감사합니다.

준평은 준엄하면서도 공정한 비평을 출판 철학으로 합니다.

피와 포도주

초판 1쇄 | 2022년 1월 27일
개정판 | 2022년 4월 1일

지은이 | 박성규
펴낸이 | 진승혁
진행 | 박시현 · 박소해

표지 디자인 | 아트퍼블리케이션 디자인 고흐
본문 디자인 | 기민주
인쇄 | 상지사 피앤비
펴낸곳 | 도서출판 준평
주소 | 서울시 서초구 방배로19길 18, 남강빌딩 302호
전화번호 | 02) 6959-9921
팩스 | 070) 7500-2050

ⓒ 2022 박성규
ISBN 979-11-968279-4-6

이 책은 저작권법에 따라 보호받는 저작물이므로 무단 전재와 복제를 금합니다.